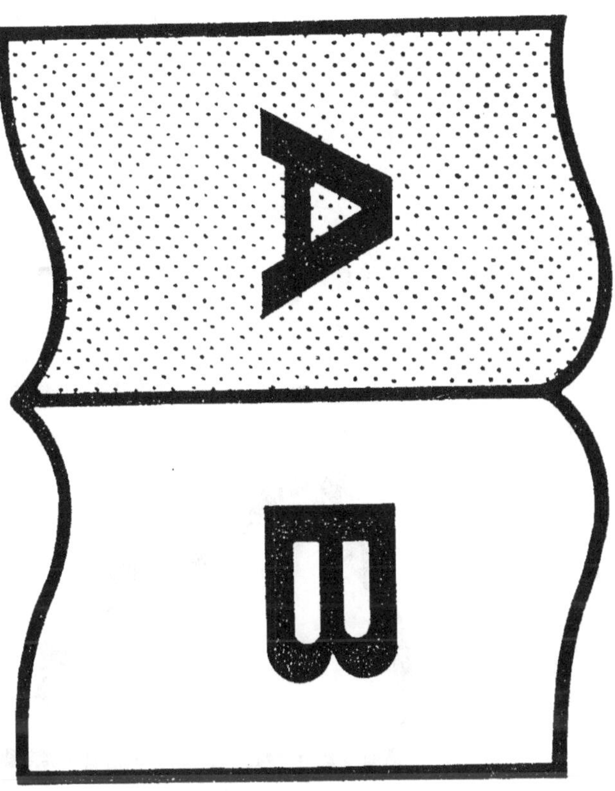

Contraste insuffisant

NF Z 43-120-14

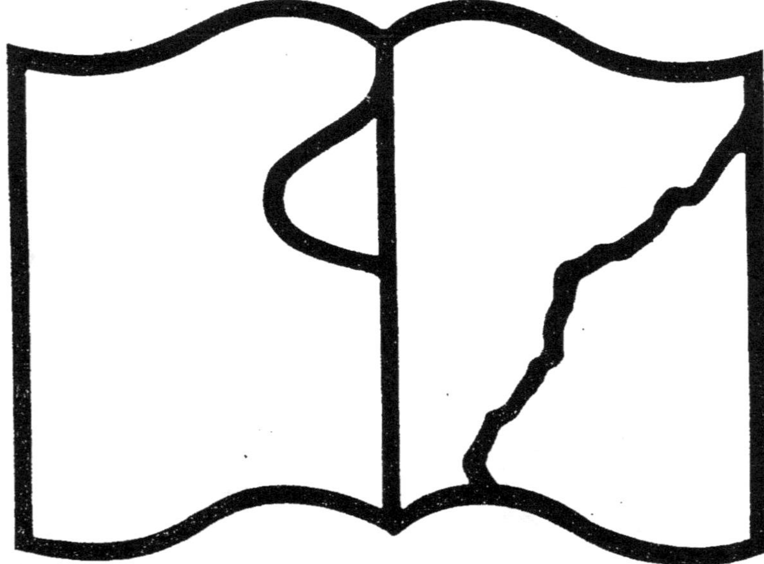

Texte détérioré — reliure défectueuse

NF Z 43-120-11

[illegible handwritten inscription]

ECLAIRCISSEMENS

GÉOGRAPHIQUES

SUR LA

CARTE DE L'INDE.

Par M. D'ANVILLE, *Secrétaire de S. A. S. Monseigneur le Duc d'Orléans.*

A PARIS,

DE L'IMPRIMERIE ROYALE.

M. DCCLIII.

AVERTISSEMENT.

JE n'ai dreſſé la Carte, dont l'analyſe eſt l'objet de cet ouvrage, que parce que MESSIEURS LES COMMISSAIRES DU ROI A LA COMPAGNIE DES INDES, m'ont fait l'honneur de me la demander. J'avouerai même, que j'ai d'abord témoigné quelque répugnance à travailler ſur l'Inde plus en grand que dans ma carte d'Aſie. L'inégalité de nos connoiſſances ſur les différentes parties de l'Inde, leur défaut preſque total à l'égard de quelques-unes de ces parties, étoient le motif de ma répugnance. Comme il eſt vrai néanmoins, que pour donner lieu de compoſer une carte, il peut ſuffire de faire beaucoup de corrections aux cartes précédentes, & des augmentations conſidérables dans le détail, & que c'eſt encore un moyen d'arriver à quelque choſe de plus parfait par un progrès ſucceſſif; la carte de l'Inde devient très-utile, & même néceſſaire à la Géographie.

Rien ne peut mieux contribuer à perfectionner cette carte, que la diſcuſſion par écrit dont je l'accompagne. Elle met à portée de diſcerner ce qu'il y a de plus ou de moins ſolide dans ce que la carte repréſente; & d'ailleurs les parties qui ne ſont point connues ſe diſtinguent d'une manière plus franche en cette carte, qu'en toute autre du même continent, en vertu d'une plus grande retenue ſur ce qui méritoit d'y figurer. Par là on doit être excité à rechercher de nouvelles connoiſſances, qui ſoient propres à réformer la carte en ce qu'elle a de fautif, & à remplir ses vuides.

C'est donc pour l'avantage de la chose en elle-même, qu'ayant terminé la carte de l'Inde, & me portant même sur d'autres objets, je suis néanmoins revenu sur mes pas, pour ajoûter à cette carte un second travail, celui d'en discuter scrupuleusement la composition. Je dis un second travail, parce qu'il falloit non seulement se rappeler toutes les combinaisons employées dans cette composition, mais encore faire quelques recherches au-delà de celles qui pouvoient y avoir paru suffisantes. Je dis encore discuter scrupuleusement, non d'une manière vague & superficielle, qui ne peut donner d'autorité à des cartes, puisque leur précision ne se fera bien connoître, qu'autant que le détail de l'analyse répondra à peu près à celui que les cartes renferment.

Je sais qu'une nouvelle Géographie dans les cartes que je publie, fait desirer à quelques personnes, qu'on leur découvre toutes les sources d'où dérive cette Géographie. Je ne saurois improuver un pareil desir : je me flatterois même, de confirmer par des éclaircissemens semblables à ceux que je donne sur l'Inde, l'estime que la seule vûe des cartes pourroit en faire concevoir. Mais, on aura peut-être peine à croire, que discuter convenablement ce qui ne fait que la moitié de l'une des deux feuilles de ma première partie de l'Asie, je veux dire, ce qui est renfermé entre les Dardanelles & Ormus, cet objet seul devient la matière d'un très-gros volume. L'ancienne Géographie y prêtant beaucoup de lumières & d'intérêt, il en résulte une nécessité de l'admettre ; & on ne sacrifiera point à trop de briéveté, une infinité de pofitions, jufqu'à préfent inconnues ou déplacées. Pour qu'un ouvrage de ce genre puiffe avoir lieu, ce n'eft pas affez de fuppofer que l'Auteur foit parfaitement libre de s'y livrer fans réferve : il faut qu'il puiffe compter fur un affez grand nombre de lecteurs, pour rifquer les frais de la publication ; & la prévention la plus favorable fur le mérite intrinsèque des chofes, ne doit point l'abufer. Les éclairciffemens fur la carte de l'Inde n'exifteroient point, fi leur impreffion n'avoit été jointe à la gravûre de la carte. Encore n'en tire-t-on qu'un petit nombre d'exemplaires.

Ces éclairciffemens font devenus un livre, pluftôt qu'un fimple mémoire, fans que je me fois écarté de ce qui intéreffe effentiellement la Géographie. Dans un ouvrage particulier, où j'avois à parcourir l'Inde, j'ai faifi l'occafion d'indiquer, chemin faifant, ce qu'on peut reconnoître de pofitions qui appartiennent à l'Antiquité. Les meilleures compilations qu'on ait de l'ancienne Géographie, & l'ouvrage de Cellarius fpécialement, fe réduifent à l'égard de l'Inde comme de beaucoup d'autres régions, à rapporter les lieux dont les Anciens font mention, fans en fixer la connoiffance par ce qui y répond dans la Géographie actuelle & pofitive. Des cartes qui ont été dreffées pour repréfenter les chofes relativement à l'Antiquité, font en défaut par des pofitions hors de place. L'imperfection des connoiffances de l'Antiquité fur l'Inde, empêche à la vérité de pouvoir les appliquer toutes également bien à la Géographie plus correcte de nos jours. Mais, on n'en eft que plus fenfible à la découverte des points qui fe retrouvent avec évidence ; & c'eft avoir donné du relief

à cet ouvrage, que d'y avoir fait entrer des recherches fur cet objet.

Au refte, l'avancement de la Géographie m'étant
plus cher que la carte de l'Inde, je fouhaite qu'elle
ne foit que la préparation à une autre plus exacte
& plus complète, qui la détruife en quelque manière,
& ne lui laiffe d'autre mérite que d'avoir donné lieu
à une meilleure. Je ferai plus ardent que perfonne, à
rechercher tout ce qui pourra procurer cet avantage.

SOMMAIRE.

E'CLAIRCISSEMENS

E´CLAIRCISSEMENS
GE´OGRAPHIQUES
SUR LA
CARTE DE L'INDE.

L'ÉTENDUE de pays que renferme cette Carte eſt trop vaſte, pour qu'il ne ſoit pas convenable d'en faire une diviſion en pluſieurs parties, ſelon que ces parties ſe diſtinguent plus naturellement par leur ſituation, & par la diverſité des circonſtances principales du local compris dans cette étendue.

En conſidérant d'abord la partie ſeptentrionale de l'Inde, ſéparément de celle qui ſe prolonge vers le midi entre deux mers qui la reſſerrent, le pays arroſé par l'Indus & par toutes les rivières qui tombent dans ce fleuve, ſe peut diſtinguer de ce qui eſt traverſé par le cours du Gange. Quoique l'Indus ne ſoit point entré dans la carte que j'ai dreſſée pour la Compagnie des Indes, on ne me ſaura point mauvais gré que, pour rendre l'objet de la diſcuſſion plus complet, je comprenne ici ce fleuve avec ſes dépendances ; & pour ſuppléer à la carte de l'Inde ſur cet article, j'indiquerai la première partie de ma carte d'Aſie.

A

Dans la partie méridionale de l'Inde, deux rivages de mer oppofés, l'un tendant au fud depuis la hauteur des bouches de l'Indus jufqu'au cap Comorin, l'autre qui de ce cap remonte vers le nord jufqu'aux bouches du Gange, font une diftinction de pays, qui n'eft pas moins marquée que la précédente.

De cette manière, l'Inde fe trouve partagée en quatre diftricts ou régions, deux dans fa partie du nord, deux dans celle du midi : j'en ferai le fujet d'autant de fections, auxquelles j'en ajoûterai une cinquième, pour traiter de la côte de l'Inde, qui fuit les bouches du Gange, jufqu'à l'entrée du détroit de Malaca, afin que cette partie ainfi prolongée, qui eft une addition faite après coup à la carte de l'Inde, fubiffe également l'examen. Mais, au préalable de tout détail relatif à quelque partie que ce foit du local, je crois devoir faire l'analyfe de la mefure qui fert à marquer les diftances dans le continent qu'il eft queftion de parcourir.

De la Mefure itinéraire de l'Inde.

L'ufage d'une mefure itinéraire, propre & déterminée, eft de la plus haute antiquité chez les Indiens, que l'on a trouvé civilifés dès les premiers temps qu'on les a connus. Strabon, dans la defcription qu'il fait de l'Inde, au quinzième livre de fa Géographie, parlant d'après Mégafthène, Patrocle & quelques autres, a conféquemment écrit fur des mémoires compofés dans un temps qui remonte jufqu'à celui d'Alexandre. Mégafthène, fous Seleucus Nicator, qui devint le plus puiffant des fucceffeurs de ce conquérant dans la haute Afie, fut envoyé vers un monarque Indien, nommé Sandrocottus. Patrocle eft cité pour avoir vifité vers le même temps la côte de l'Inde avec une flotte. Eratofthène, bibliothécaire d'Alexandrie fous Ptolémée Evergète, avoit pris foin de recueillir les connoiffances que l'expédition d'Alexandre procuroit fur des contrées, dont auparavant on n'étoit point inftruit. Or nous lifons dans Strabon, lorfqu'il traite des magiftrats Indiens, prépofés aux divers objets de la police, qu'il y avoit des commiffaires chargés de la conftruction des chemins publics, fur lefquels ils faifoient élever, de dix en dix ftades, des cippes de pierre, pour indiquer les diftances, ainfi que la féparation des routes tendantes vers différens endroits.

Il paroît difficile de déterminer d'une manière indubitable, ce qu'on doit entendre dans le rapport de Strabon, par ce qu'il appelle ftade. Si l'on prend à la lettre le terme de ftade, en fuppofant que l'intervalle des cippes plantés par les Indiens, avoit été ftrictement comparé à la mefure Grecque du ftade, il y aura encore une diftinction à faire dans le ftade. Car, puifqu'on ne connoiffoit cette extrémité de l'orient que parce que les armes Macédoniennes y avoient pénétré, il faut être averti, que la mefure commune du ftade Grec n'eft point propre aux efpaces marqués dans les mémoires de ce temps-là, cette mefure ne convenant point aux indications que l'on a des marches d'Alexandre, & de plufieurs autres efpaces déterminés de la même manière, & par une fuite de la domination que les conquêtes de ce prince établirent. Une étude particulière des diverfes mefures itinéraires, employées dans différens âges de l'antiquité, m'a fait connoître le ftade convenable aux circonftances dont il s'agit, & fon étendue ne s'évalue que cinquante-quatre à cinquante-cinq toifes; de forte que fi la mefure Indienne fe déduifoit de la fupputation de dix ftades de cette efpèce, on la trouveroit bornée à cinq cens quarante ou cinq cens cinquante toifes.

Cependant, ce que donne cette fupputation n'a point de rapport à la mefure que l'on verra ci-après être propre à l'Inde, & elle lui eft fort inférieure. Or, ce défaut femble tirer à conféquence: outre qu'on a remarqué que les Indiens n'étant point fortis de leur pays, ne fe font point mêlés avec d'autres peuples, on ne voit pas qu'ils aient éprouvé chez eux des révolutions qui aient renverfé la conftitution & les ufages du pays. Les Scythes ont autrefois pénétré dans l'Inde, & s'y font même établis, d'où vient que dans l'ancien Indoftan on trouve l'Indo-Scythie. Plufieurs princes Mahométans, & entr'autres, Mahmud fils de Sebek-takin,

A ij

très-zélé pour le Mufulmanifme, ont fait des conquêtes
dans l'Inde; & l'Inde eft dominée depuis deux fiècles par
une maifon d'origine Tartare, & dont le Mahométifme eft
la religion. Mais ces circonftances, qui ont dénaturé, pour
ainfi dire, d'autres nations, n'ont point eu le même effet
chez les Indiens. Ils ont confervé, outre divers idiomes qui
leur font propres, leur religion & fes miniftres, Brachmanes
& Gymnofophiftes, leur divifion en caftes ou tribus, dif-
tinguées chacune par fa profeffion, leurs rites & fuperftitions,
en un mot tout ce qui leur eft particulier & très-diftinctif
à l'égard des autres nations, depuis les temps les plus reculés.
Il feroit donc très-probable, qu'ils euffent pareillement maintenu chez eux l'ufage de la mefure itinéraire qui leur étoit
propre, & qu'ils étoient en poffeffion de fixer fur les grands
chemins par des bornes de pierre, pluftôt que de la changer
pour une autre totalement différente & difproportionnée.
Rien n'empêche de croire, que cette mefure pouvoit être
compofée de dix mefures inférieures, que les écrivains
Grecs, en fe fervant d'un terme propre à leur langue, &
ufité parmi eux, auront qualifiées de ftades, fans avoir égard
à l'identité de mefure.

Si le nom de *Coff*, dont fe fervent les Indiens pour défigner la mefure actuelle des diftances dans l'Inde, ou une
dénomination qui en eft évidemment un dérivé, fe retrouve
dans l'antiquité, comme en effet je le découvre; cette circonftance favorife beaucoup la préfomption que l'on a déjà
formée de l'ancienneté de cette mefure. E'tienne de Byzance,
à l'article Κάσπειρος, parle d'un coureur de l'Inde fous le
nom de *Cofféen*, Κοσσαῖος. Ce coureur étoit du pays de l'Inde
nommé *Cafpira*, & les naturels de Cafpira étoient de tous
les Indiens les plus vîtes à la courfe, ayant le pied plus
léger, & le genou plus fouple & plus flexible: c'eft ainfi
que s'en explique le poëte Denys, cité par E'tienne. Ptolémée
place la Cafpirée, & la ville de Cafpira, dans le nord de
l'Inde. Hérodote fait auffi mention d'une ville de Cafpatyrus,
fituée vers le haut du fleuve Indus, ce que Mercator a cru

correspondre à une dénomination qui exiſte dans la Géographie moderne, ſans altération marquée, ſavoir, Coſpetir. La
notion qu'on a de Coſpetir ſe tire de l'hiſtorien Portugais,
Jean de Barros, dans ſa quatrième décade, *liv. IX. chap. 1;*
mais, vû qu'il en parle comme d'une province de l'Etat du
roi de Bengale, au commencement du ſeizième ſiècle, contigue au Gange, & limitrophe d'Orixa; la ſituation n'eſt plus
celle qui convient à Caſpatyrus, d'où il eſt dit dans Hérodote, *liv. IV,* que Darius, fils d'Hyſtaſpe, fit partir Scylax de
Caryande pour découvrir, en deſcendant l'Indus, les bouches
de ce fleuve. Quoi qu'il en ſoit, ne ſuffit-il pas ici d'être
inſtruit, qu'un coureur Indien, de la nation de l'Inde la plus
exercée à la courſe, étoit appelé *Coſſéen!* & la remarque
n'eſt-elle pas de quelque conſéquence, puiſque la meſure
itinéraire Indienne s'appelle *Coſſ!*

Il doit être queſtion maintenant de rechercher quelle peut
être l'étendue de cette meſure. Je n'ai recueilli d'aucun endroit, je l'avoue, ce qui peut lui ſervir d'élément ou de
compoſition pour en faire le calcul le plus précis: mais, au
défaut de ce moyen, j'ai remarqué dans deux voyageurs,
également recommandables, Bernier & Thévenot, qu'entre
Agra & Dehli l'eſpace de coſſ en coſſ eſt déterminé par
des pyramides ou tourelles. Le premier de ces voyageurs dit
qu'elles ont été élevées ſous Gehan-ghir, qui ſuccéda à ſon
père Gelal-uddin-Ekbar au commencement du dernier ſiècle.
Ce fut lui qui fit planter une avenue d'arbres le long du
grand chemin, qui s'étend non ſeulement depuis Agra juſqu'à Dehli, mais qui continue juſqu'à Lahaûr, dans une
ſuite de route que j'eſtime valoir environ cent quarante
lieues Françoiſes, à raiſon de deux mille cinq cens toiſes par
lieue. Ces pyramides ne rappèlent-elles pas l'ancien uſage
des Indiens, rapporté par Strabon, de placer des bornes de
pierre pour marquer les diſtances ſur les grands chemins? &
ce fait ſera-t-il regardé comme une police nouvelle dans l'Inde,
lorſque les auteurs d'après leſquels parle Strabon, remontent
juſqu'au temps qu'Alexandre a porté ſes armes dans ce pays.

A iij

Thévenot ajoûte à Bernier, que l'on compte foixante-neuf ou foixante-dix tourelles dans l'intervalle d'Agra à Dehli; & par le détail des diftances particulières que donne Tavernier fur cette route, on compte foixante-huit coff. C'eft être d'accord que de ne pas s'écarter davantage fur une indication, qui n'eft point concertée entre ces voyageurs, ni abfolument rigoureufe.

J'ai eu l'avantage de pouvoir fixer la pofition d'Agra & de Dehli beaucoup plus précifément qu'on ne l'avoit fait auparavant. En premier lieu, par la différence des latitudes, que je tire des obfervations du P. Boudier, Jéfuite, très-habile dans l'Aftronomie, qu'il a cultivée par inclination. Latitude d'Agra 27 degrés 10 minutes; latitude de Dehli ou Gehan-abad, à l'endroit qu'occupe le palais du Mogol, 28 degrés 41 minutes. On connoîtra l'importance de ces déterminations, fi l'on prend garde que dans la Connoiffance des temps, donnée par l'Académie royale des Sciences, la latitude d'Agra eft marquée 26 degrés 43 minutes, c'eft-à-dire, 27 minutes moins que ne donne l'obfervation.

Dans le détail des obfervations du P. Boudier, outre ce qui fert à conclurre la longitude de Dehli, en ayant trouvé qui déterminent un autre lieu nommé Fatepur, c'eft dans l'intervalle de ces deux points de longitude que fe rencontre celle d'Agra: de manière que la concluant de l'éloignement entre Fatepur & cette ville, j'ai trouvé qu'il reftoit environ quatre cinquièmes de degré de différence entre Agra & Dehli. Cette pofition eft à la vérité peu convenable aux cartes modernes, où les villes dont il s'agit paroiffent en même longitude; & on fent néanmoins com-bien l'écart que je viens de marquer doit produire de divergence ou d'obliquité de pofition, lorfque la différence de hauteur n'eft que d'un degré & demi. Je dois encore remarquer, pour plus grande réformation en Géographie, que la longitude d'Agra, qui, felon la Connoiffance des temps, ne différeroit de Paris que de 74 degrés 24 minutes, en differe de 75 & trois quarts, puifque le point de Dehli,

moins oriental que celui d'Agra, s'en écarte d'environ 75,
par le réfultat des obfervations du P. Boudier.

Ce détail, dans lequel je n'ai pû me difpenfer d'entrer,
déterminant les pofitions d'Agra & de Dehli, fixe leur diftance, laquelle devient un point capital par rapport à l'objet
qu'on fe propofe ici. Mais, comme l'une & l'autre de ces
villes occupent un très-vafte emplacement, & que leur
centre differe notablement de leur iffue, qui, felon la manière
ordinaire de compter la diftance des villes, fe prend pour le
terme de cette diftance; fur ce qu'il y a de différence dans
les latitudes indiquées, favoir, un degré 31 minutes, il eft
convenable de faire une déduction, qui peut s'eftimer environ 3 minutes, & ainfi fe contenir dans un degré 28 minutes.
Combinant enfuite avec cette différence de hauteur, la divergence ou l'angle de pofition, qui fe trouve de 23 degrés,
ce qui s'enfuit d'intervalle vaut un degré 35 minutes & demie,
ou environ, de la graduation de latitude: & prenant le degré
pour 57000 toifes de compte rond, il en réfulte 90700 &
tant de toifes. La mefure du chemin ne fera pas jugée ajoûter
beaucoup à ce décompte, vû que ce chemin eft une route
royale, que l'on préfume avoir été alignée autant qu'il a été
poffible, & qui traverfe un pays uni & fans montagnes.
Comme elle doit néanmoins avoir quelque chofe de plus
que l'intervalle donné par l'ouverture du compas fur une
carte, ou par le calcul, on peut ne prendre cet intervalle
que pour le moindre nombre de coff qui a été indiqué, ou
68 pluftôt que 70. Or, par l'évaluation qui a été faite à
quatre-vingt-dix mille fept à huit cens toifes, le coff revient à
environ 1335 toifes. On conclud enfuite, qu'il faut 42 coff
& demi, plus que moins, pour remplir l'efpace d'un degré.

Les moyens qu'on vient d'employer étoient, ce femble,
très-propres à faire trouver à peu près la jufte mefure du
coff Indien, felon la détermination faite dans le pays même
par des bornes plantées fur la principale de toutes les routes:
mais, ce n'eft pas prétendre que cette évaluation s'étende à
la mefure quelconque de coff, qui dépendra d'une eftime

arbitraire. Car il faut convenir, qu'il en eft de l'Inde fur cet article comme de tout autre pays, où les diftances eftimées varient d'une contrée à l'autre. Le bien de la Géographie voudroit pourtant que ces variétés fuffent reconnues, du moins en ce qu'elles ont de plus général. J'expoferai donc ce que l'étude que j'en ai faite, & la compofition de la carte de l'Inde, m'ont fait remarquer d'une manière plus fenfible.

Les voyageurs ont communément comparé le coff à une demi-lieue; & une lieue relative à la mefure de coff donnée ci-deffus, c'eft-à-dire, d'environ 2700 toifes, n'eft pas des plus foibles de mefure. Mais, il y a tel canton de l'Inde, où l'on compte les coff de manière à leur donner notablement plus d'étendue. Tavernier, dans un itinéraire fort circonf-tancié de Surate à Agra par Brampur, dit que dans une partie de cette route, favoir, entre Brampur & Séronge, les coff font tellement grands, que les voitures du pays, traî-nées par des bœufs, ne font communément un coff qu'en une heure de temps. Thomas Rhoe, ambaffadeur Anglois auprès du Mogol Gehan-ghir, comparant à deux mille An-glois la mefure des coff entre Brampur & Azmer, donne auffi lieu de fuppofer les coff fort étendus dans le même quartier. Car le mille Anglois, fixé dans fa mefure par Henri VII, revient à 826 toifes: encore ce mille eft-il plus court que le mille commun & d'ufage en Angleterre, comme je l'ai démontré dans un autre ouvrage, où par une fuppu-tation qui embraffe tous les grands chemins de l'Angleterre, il fe conclud de plus de 1100 toifes. De manière, qu'une me-fure moyenne entre ce mille commun & celui de Henri VII, roule entre 900 & 1000 toifes, & peut être comparée à une minute de degré; ce qui devient même conforme à ce qui eft ordinaire parmi les Anglois, de compter foixante milles pour un degré. Et fi cette mefure moyenne eft plus convenable qu'une plus forte (comme je le crois) pour ré-pondre à l'idée de Rhoe fur le coff, il s'enfuit qu'environ trente coff fuffifent pour un degré, ce qui s'écarte notablement de l'évaluation conclue ci-deffus à près de quarante-trois coff.

Entre

Entre Brampur & Séronge, la conftruction de la carte de l'Inde m'a fait admettre un efpace valant à l'ouverture du compas 3 degrés & environ un dixième de la graduation de latitude. Or, Tavernier y compte 101 coff: c'eft donc environ 33 coff par degré. Et fi à l'efpace donné on ajoûte ce que les circuits particuliers de la route doivent avoir de plus que l'ouverture du compas entre les deux points de Brampur & de Séronge, on trouvera bien de la convenance avec l'eftime précédente fur le pied de 30 ou environ. Il faut dire auffi, que c'eft l'endroit du continent de l'Inde où j'ai trouvé que la mefure de coff fe montroit plus exceffive, par comparaifon à la définition qui lui eft ftrictement propre à raifon de la diftance entre Agra & Dehli.

De Séronge à Agra, le compte eft de 106 coff, que Tavernier dit être coff communs; & cet intervalle, qui fur la carte prend la valeur de 2 degrés environ 50 minutes, donne les coff fur le pied d'environ 38 au degré. Dans cet efpace, les coff près d'Agra feront vrai-femblablement tels, ou à peu près, qu'entre Agra & Dehli; au lieu que ceux qui s'éloignent moins de Séronge, feront cenfés tenir de la mefure antérieure entre Brampur & Séronge: ainfi c'eft avec raifon, qu'en cet efpace les coff font, par le voyageur, qualifiés de mefure moyenne entre les coff plus forts & les plus foibles. Mais, comme il ne peut fe rencontrer de convenance dans ce qui paroît manquer de juftefse, je remarquerai que par la pofition d'Agra, felon la Connoiffance des temps, c'eft-à-dire 27 minutes de moins en latitude, un degré & un tiers en longitude, ce point fe trouvant déplacé de plus de 70000 toifes, il fe fait une réduction d'environ les deux tiers de cette fomme de toifes fur l'efpace entre Brampur & Agra: au moyen de quoi, ce qu'exige la grande étendue des coff dans l'intervalle de Brampur à Séronge ne fauroit avoir lieu: & je fuppute que ces coff ne s'eftimeront pas plus forts, par la violence du refferrement qu'éprouve ainfi cet efpace, que les coff qui, dans la réalité, leur font très-inférieurs entre Agra & Dehli. Si la pofition conclue

B

d'après le P. Boudier, & qui écarte un pareil inconvénient, avoit befoin de vérification, l'obfervation qui vient d'être faite en tiendroit lieu.

Paffons à d'autres quartiers de l'Inde. Il n'y a pas lieu de douter que la mefure de coff entre Dehli & Lahaûr ne foit la même qu'entre Agra & Dehli, comme une continuation de la route royale, fur laquelle les coff font fixés par des bornes pyramidales, ainfi qu'on en eft informé. Je ne crois pas même qu'en allant plus loin, & jufqu'à Kabul par Attek, les coff prennent plus d'étendue, parce que les points plus convenables à la pofition de ces lieux, étant comparés au décompte que Tavernier donne en coff dans ce prolongement d'efpace, on ne peut conclurre autrement. En confultant les marches de Timur, dans le retour de fon expédition de l'Inde, felon le détail qu'en donne Sheref-uddin, qui a écrit en langue Perfane l'hiftoire de ce conquérant, la partie feptentrionale de l'Inde entre Kandahar & Kashmir, ne fe peut, à mon avis, préfumer plus étendue que dans ma carte d'Afie. On eft en même temps contenu dans le fens de la latitude, puifque entre Lahaûr & Kabul, on a peine à trouver trois degrés de différence en élévation. Ainfi, quoique de Kabul à Lahaûr, en paffant par Attek, Tavernier faffe compter 240 coff pour le moins, l'ouverture du compas entre Lahaûr & Kabul ne va guère qu'à 200 & 4 ou 5 des coff de la route royale; ce qui feroit eftimer les coff pluftôt foibles dans cet intervalle, que fupérieurs à ceux qui font mefurés fur cette route, fi ce n'eft que la pofition intermédiaire d'Attek s'écarte fenfiblement de la direction de Lahaûr à Kabul. Des marches de Timur entre Multan & Dehli, en paffant par Batnir, & fuivant de près l'hiftorien que j'ai cité, j'ai cru m'affurer jufqu'à un certain point de l'efpace convenable à la largeur de l'Inde entre ces villes; mais le décompte en coff n'eft point donné, que je fache.

En tournant d'Agra vers Bengale, la mefure des coff paroît prendre de l'accroiffement en s'éloignant de la capitale.

Tavernier fournit un décompte de 250 coss depuis Agra jusqu'à Patna. Ce nombre de coss se retrouve presque complet sur ma carte de l'Inde, en droite ligne & à l'ouverture du compas, en employant une échelle de coss conforme à la définition de leur mesure, sur le pied de 42 & demi ou trois quarts au degré, ainsi que les coss sont mesurés sur la route royale. Il faut croire qu'ils sont en effet les mêmes dans le voisinage d'Agra, quoique sur une route différente; mais on peut bien les supposer plus forts à une distance qui s'en éloigne. Car la route, en s'écartant de la direction, décrit un arc sensible, par lequel le point d'Hélabas, situé presque à la moitié de l'intervalle d'Agra à Patna, & faisant le sommet de cet arc, se trouve distant de la corde d'une sixième partie de la longueur de cette corde. Et cette circonstance ne souffre point de doute, puisque la hauteur d'Hélabas, ou sa latitude, est un point déterminé, ainsi que celles d'Agra & de Patna, par les observations du P. Boudier. Au-delà de Benarez, qui vient après Hélabas, & dont la latitude a pareillement été observée, le coude que fait la route pour passer par Safferan avant que d'arriver à Patna, peut faire estimer les coss sur le pied de 33 à 34 par degré; & je crois que la carte de l'Inde fournit assez d'espace dans le bas du Gange, pour que cette estime se soûtienne jusqu'à Daka.

Les voyageurs ont remarqué précisément, que les coss sont plus courts dans le voisinage de la mer, & près de Surate, que plus avant dans le pays. On en compte environ 135 entre Surate & Brampur; & en effet, par une estime très-convenable à la mesure propre & définie du coss, je juge qu'il en faut plus de 40 pour un degré. Les 86 coss comptés par Thévenot sur la plus directe des routes qui conduisent de Surate à Ahmed-abad, ne sauroient s'évaluer sur un autre pied qu'entre Agra & Dehli. C'est ce qui résulte indubitablement de ce que les hauteurs qui sont indiquées de Surate & d'Ahmed-abad different à peine de deux degrés, sans que l'écart en longitude soit considérable.

De Surate jufqu'à Bag-nagar, capitale du royaume de Gol-
konda, le compte des diftances particulières étant d'environ
3 3 o coff, je ne les crois point d'une efpèce fort différente.
Pour achever la traverfe de la prefqu'ifle de l'Inde d'une mer
à l'autre, en fe portant de Bag-nagar à Mafuli-patnam, on
compte 1 0 5 coff par le chemin le plus direct. Il y en a
un autre par les mines de Gani ou de Kulur, lequel, entre-
coupé de montagnes, de paffages étroits & de rivières, con-
fume 1 1 2 coff. Or, felon une grande carte manufcrite que
j'ai de ce canton-là précifément, & qui s'étend jufqu'à Paliacate, & même plus loin, & fur laquelle les routes font
tracées fort en détail; je trouve que le nombre des coff
étant rapporté à la graduation de latitude de cette carte, 3 7
coff rempliffent l'étendue d'un degré. Les coff deviennent
donc plus longs en ce quartier que vers Surate, & prennent
un milieu affez jufte entre les plus forts & les plus foibles
qui fe rencontrent dans l'Indoftan.

Voilà, je penfe, une affez fcrupuleufe difcuffion de ce
que peuvent valoir les coff dans les diverfes parties de l'Inde.
Les inégalités qui s'y font remarquer prouvent l'importance
dont il eft pour la Géographie d'en avoir connoiffance. Selon
l'auteur Perfan de la vie & des exploits de Timur, le mille
feroit la mefure d'ufage dans l'Inde. Il eft dit, au *tome III*
de la traduction qu'en a faite M. Pétis de la Croix, *page 6 6,*
que trois milles, que les Indiens appellent *gourouh ,* font une
parafange, que l'on fait être la lieue de Perfe. Et ailleurs il
compare dix-fept de ces milles à cinq parafanges & deux
milles, ce qui eft conforme à la définition. Cet hiftorien
fait faire à Timur une marche de cinquante milles, mais
forcée & d'une feule traite, depuis un après-midi jufqu'au
lendemain dix heures du matin, d'où l'on pourroit juger de
la valeur de ces milles. La parafange, à laquelle trois de
ces milles font comparés, varie d'étendue auffi fenfiblement
que le coff, & depuis environ 17 jufqu'à 2 5 au degré. En
conféquence de cette marche d'armée, une parafange modérée
paroîtroit plus convenable que la plus forte. Mais nous devons

croire, que l'hiftorien Perfan a pris le cofſ pour un mille.
Car Pietro della Valle fait connoître, que *cos* & *corù* (comme
il écrit, au lieu de *gourouh*) font la même chofe; *cos, overo
corù, que è tutto uno:* & il ajoûte, que *ogni cos, ò corù, è
meza ferfegna ò lega di Perfia;* définition qui femble plus
jufte que celle de l'hiftorien Sheref-uddin, & qui du moins
s'accommode mieux avec l'étendue plus commune & ordinaire de la parafange. L'autorité de l'écrivain Perfan porte
à croire feulement, que dans le nord de l'Inde, où l'expédition de Timur s'eft renfermée, le gourouh ou le cofſ eft
pluftôt foible de mefure qu'autrement; comme il eft vrai
que les diftances marquées entre Lahaûr & Kabul nous l'ont
fait conclurre ci-deffus : & il pourroit être que dans ce
quartier-là, il fallût à peu près 50 cofſ, pour en équivaloir
35 ou 40 ailleurs. Les 50 cofſ dans un degré conviendront aux parafanges eftimées d'environ 17 pour le même
efpace, à raifon de 3 cofſ par parafange, en conformité de
l'évaluation que l'hiftorien de Timur en a donnée. Et, vû
que c'eft la plus forte des diverfes parafanges qui eft mife
en comparaifon, le cofſ n'en fouffre que la moindre réduction poffible dans fa mefure.

Il me refte à parler fommairement d'une mefure d'ufage
fur la côte, depuis Surate jufqu'en Malabar, & même en tournant au-delà jufqu'en Coromandel. Cette mefure fe nomme
gos, ou comme Pietro della Valle l'écrit, *gau.* Le terme n'eft
pas récent, fi l'on peut croire qu'il eft le même que celui
de Γαύδια, que Cofmas le folitaire a employé il y a environ
douze cens ans dans fa Topographie facrée, en parlant de
l'étendue de la Taprobane ou de Ceilan. Tavernier s'eft
mépris en comparant le gos à quatre de nos lieues communes, au lieu de dire 4 cofſ. Le compte de 61 gos qu'il
donne entre Surate & Goa fuffit pour le prouver. Car, ces
villes ne s'éloignent en latitude que de 5 degrés & demi ou
environ; & la différence de longitude entre elles n'eft pas
affez confidérable, pour ajoûter beaucoup à l'efpace qui
réfulte des hauteurs. Pietro della Valle dit formellement que,

B iij

un gau cofta di quattro cos; ajoûtant, *e corrifponde à due leghe Portoghefi.* Je ne crois pas que ces lieues Portugaifes doivent être prifes fur un pied plus fort que d'environ 19 au degré ; conféquemment c'eft 9 à 10 gos par degré, qui feront compter environ 38 cofſ, nombre moyen entre ceux que produit la diverfité des cofſ. Je remarquerai même que les 61 gos de Tavernier entre Surate & Goa, feroient pluſtôt réduire cette eftimation que l'augmenter. Bayer, dans fon hiftoire des rois Grecs de la Bactriane, dit que chez les Indiens, une mefure de diftance qu'il nomme *jofinei*, vaut au moins deux lieues d'Alfemagne. Je foupçonne qu'il a tiré cette notice, ainfi que plufieurs autres connoiffances concernant l'Inde, des Danois établis à Trinquimbar en Coromandel, avec lefquels il étoit en relation. Et ce *jofinei*, qui eft peut-être la même chofe que *gofinei*, pourroit bien être le gos dont il eft queftion. Car, l'eftime à deux milles Germaniques peut ne fignifier que deux lieues eftimées plus fortes que les lieues foibles & ordinaires, qui fe concluent communément d'une heure de marche d'un voyageur à pied, ce qui dans les voyages & les longues traites, roule aux environs de 2000 toifes, au lieu que notre eftime du gos admet des lieues fur le pied de 3000.

Pour réfumer en peu de mots toute cette difcuffion fur la mefure itinéraire de l'Inde, difons : que les Indiens, dès la plus haute antiquité, ont connu l'ufage de ce qui parmi eux s'appelle *cofſ:* que cette mefure, felon qu'elle eft déterminée par des bornes fur la voie ou route principale de l'Inde, s'évalue 1330 & quelques toifes, de manière qu'il en faut près de 43 pour remplir un degré: que néanmoins l'eftime arbitraire des diftances en différentes parties du même continent, fait varier l'étendue des cofſ au point, que de la mefure moyenne entre la plus forte & la plus foible, il réfulte environ 37 cofſ par degré; ce qui eft en effet l'échelle que j'en ai donnée dans ma carte de l'Afie, qui a précédé la carte que j'ai dreffée de l'Inde en particulier.

SECTION I.

De la partie de l'Inde traversée par l'Indus, &
par les rivières qui se rendent dans ce fleuve.

Quoique cette partie de l'Inde ait été la première
connue, ce n'est pourtant pas celle sur laquelle nos
connoissances actuelles sont plus circonstanciées & plus pré-
cises. Il n'en faut point d'autre raison, que de n'avoir pas
été fréquentée dans les derniers temps par les diverses nations
Européennes, que le commerce maritime a portées en d'autres
parties de l'Inde comme à l'envi les unes des autres. On est
déjà averti, que le cours de l'Indus n'étant point compris
dans la carte dressée pour la Compagnie, c'est à la première
partie de la carte d'Asie que j'ai publiée, qu'il faut recourir
sur cet article.

L'Indus est appelé *Sind* par les Indiens, ce qui signifie
proprement fleuve ou rivière. Dans une carte particulière du
royaume de Kashmir, donnée par Bernier, *send Brari* est
interprété rivière de Brari. L'usage de ce terme *Sind* à
l'égard de l'Indus, comme du fleuve par excellence, remonte
jusque dans l'antiquité. On lit dans Pline, *Indus, incolis Sindus*
appellatus. L'auteur Grec de la description des côtes de la
mer Erythrée ou Indienne, sous le titre de Πέριπλυς a écrit
Σίνθος : & dans le nombre des sept bouches de ce fleuve,
selon Ptolémée, il y en a une, & vrai-semblablement la
principale, qui est appelée *Sinthum ostium.* La dénomination
dont il s'agit est même devenue propre à la province maritime de l'Inde traversée par l'Indus, & qui se nomme le
Sindi. Au reste, dans un aussi vaste continent que l'Inde,
où le même idiome n'est pas universel, il n'est point étrange
que d'autres termes soient employés dans la même signification. En tirant vers Agra & dans le Dekan, c'est le mot
Nadi qui désigne une rivière. Dans la partie méridionale de

la Péninfule, *Arru* fignifie la même chofe. J'ai reconnu encore que le mot *Ganga*, ou Gange, convient à un fleuve comme appellatif.

Ce n'eft pas fans grande difficulté qu'on peut démêler le cours des différentes rivières qui tombent dans l'Indus, & même le diftinguer entre celles qui, comme lui, defcendent immédiatement de cette grande chaîne de montagnes, qui fépare l'Inde d'avec les contrées plus feptentrionales. Quelque application que j'aie mife à cette recherche, & quoique j'aie remarqué bien des erreurs fur ce fujet, je ne me flatte pas d'avoir acquis toutes les lumières qui feroient néceffaires, pour fixer avec une égale certitude tous les points que je me propofe de difcuter. Avec l'étude des marches d'Alexandre dans fon expédition de l'Inde, j'ai combiné celle de Timur ou Temir-leng, felon le détail que fon hiftorien Perfan Sheref-uddin en a donné. Les circonftances locales qui réfultent de ces marches, font appuyées fur des faits: mais, le récit de ces faits ne nous apprend pas tout ce qu'on defireroit de favoir diftinctement. Il faut de plus faire l'application qui convient des noms que portent les lieux dans l'expédition du conqué-rant Macédonien, à ceux du conquérant Tartare. Que dirai-je encore? les dénominations de la dernière des deux expédi-tions, quoiqu'elle foit très-moderne en comparaifon de la première, ne s'accordent pas univerfellement avec celles que la Géographie actuelle, puifée dans d'autres fources, indique & détermine.

Les montagnes qui donnent naiffance à l'Indus, & à plufieurs des rivières qu'il reçoit, fe nomment *Hendou-kesh,* & c'eft l'hiftoire de Timur qui m'inftruit de cette dénomi-nation. Elle eft compofée du nom d'*Hendou* ou *Hind,* qui défigne l'Inde, & fur-tout fa partie feptentrionale chez les Orientaux; & de *Kash* ou *Kesh* (car c'eft la même chofe) que je remarque être propre à diverfes montagnes. Je ne doute point que le nom de *Cau-cafus* ne foit formé, 1.° du mot Perfan *Koh* ou *Kouh,* ufité même chez quelques Indiens, & qui fignifie *montagne:* 2.° du mot *Cas,* qui lui eft commun

avec

avec plufieurs montagnes, connues fous le nom de *Cafius*.
La plus célèbre eft celle de Syrie, au midi de l'Oronte vers
fon embouchûre, & près d'Antioche. L'enceinte même de
cette ville s'élevoit fur une pointe de montagne efcarpée,
que Procope (*livre II* de la guerre de Perfe) nomme *Oro-
cafias;* & on voit bien qu'en cette dénomination, le terme
Grec *Oros* tient lieu du *Koh* Perfan dans *Cau-cafus*. Or, le
mot *Kash* ou *Kesh*, dans *Hendou-kesh*, ne paroît-il pas le même
au fond que celui de *Cafius*, qui fe retrouve également dans
le nom de Caucafe? Ptolémée place les monts Caucafiens
au plus nord de l'Inde, dans un intervalle entre le Paropa-
mifus, qui leur eft contigu, & l'Imaus qui en eft une fuite:
c'eft précifément ce qui répond aux monts Hendou-kesh, ou
au Caucafe Indien. On a accufé la vanité d'Alexandre, ou
la flaterie à fon égard de la part des Macédoniens, d'avoir
tranfporté dans l'Inde le nom de Caucafe, parce qu'on ne le
croyoit propre dans l'occident, qu'au feul Caucafe qui s'élève
entre le Pont-Euxin & la mer Cafpienne. Mais, il femble
que l'Inde le revendique & le partage; à moins qu'on ne
veuille croire que cette dénomination, quoiqu'affez folidement
établie pour fubfifter jufqu'à nos temps, n'a pourtant d'autre
fondement que la fauffe opinion d'un conquérant, auffi étran-
ger à l'Inde qu'étoit Alexandre. Le nom d'*Hendou-kesh* fert en
particulier à défigner un château, fitué, felon le géographe
Turc, à fix journées de Kabul, dans une gorge principale de
ces montagnes, & qui de cette ville conduit vers Balk.

Le Caucafe de l'Inde s'étend en général d'occident en
orient, entre 3 5 & 3 6 degrés de latitude, & la latitude de
3 5 degrés eft celle que les tables de Nafir-uddin & d'Ulug-
beg donnent à Pendj-hir, ville fituée à la defcente de ces
montagnes en venant des pays plus feptentrionaux, & dans
le voifinage de Kabul. On connoît Kabul pour la plus confidérable des villes de ce canton de l'Inde le plus reculé
vers le nord. Pendj-hir n'eft éloigné que d'une marche du
lieu nommé Garan, qui n'eft qu'à cinq lieues ou parafanges
de Kabul, felon l'hiftoire de Timur. D'où je conclus, que

C

la différence ent.e Pendj-hir & Kabul ne pouvant s'eftimer qu'environ un demi-degré, l'indication de Kabul à 3 3 & demi, par Ebn-Maruph, & par le Kanon Aftronomique, cités par Golius dans fes notes fur Alfergane, doit être corrigée & portée à 3 4 & demi; fans quoi, la partie feptentrionale de l'Inde feroit comprimée de la valeur d'un degré, ce qui apporteroit un dérangement notable à l'égard de plufieurs pofitions, notamment de Lahaûr & de Kandahar, dont la latitude me paroît convenable.

Le terme feptentrional de l'Inde eft décidé par les montagnes dont on vient de parler : fes limites vers le couchant s'appuient fur la pofition de Kandahar. On fait que ces limites ont varié, non feulement par rapport à Kandahar, dont la poffeffion a été difputée depuis plus d'un fiècle entre le Perfan & le Sultan des Indes, mais encore fort antérieurement. Car, aux termes d'Arrien dans l'hiftoire d'Alexandre, ce conquérant ne mit le pied dans le pays Indien qu'après avoir traverfé l'Indus, ce qui refferre extrêmement la partie feptentrionale de l'Inde : & par un grand excès contraire, d'autres, felon Pline, comprenoient dans l'Inde, la Gédrofie, l'Arachofie, l'Arie & le Paropamife. Il faut d'une part convenir, que ces provinces, en tout ou en partie, & fur-tout l'Arie, font plus généralement adjugées à la Perfe qu'à l'Inde ; & de l'autre, que toutes les eaux qui tombent dans l'Indus, en deçà comme au-delà, font cenfées couler fur la terre Indienne.

Kandahar eft fixé en latitude à 3 3 degrés ,. par Nafiruddin & par Ulug-beg, dont les tables, entre celles des Orientaux, méritent le plus de confiance. Un géographe Perfan, cité par Golius, & le géographe Turc y font conformes. Les aftronomes de l'Orient ont eftimé la différence de longitude entre Kandahar & Kabul d'environ deux degrés. La pofition de Kabul, dans ma carte, a une correfpondance étudiée (autant qu'il a été poffible) avec celle de Lahaûr, par le moyen d'une route qui conduit de Lahaûr à Kabul par Attek ; & le point de Lahaûr répond immédiatement à la position de Dehli, laquelle se trouve actuellement déterminée en longitude par observation astronomique, comme on le verra dans la suite de cet ouvrage. De sorte que cette détermination de Dehli peut avoir quelque influence jusque sur la longitude de Kandahar. D'autre part, en établissant Kandahar par une voie opposée, & selon l'itinéraire que l'on a d'Ispahan à Kandahar, je pense que l'espace entre ces villes ne peut être estimé sensiblement différent de ce que ma carte d'Asie fournit. Ainsi, ne voyant point de contradiction marquée entre ces deux voies, qui ont concouru à mettre en place Kandahar, j'ai lieu de croire cette place aussi convenable qu'on est à portée d'en juger.

Cette ville de Kandahar, qui par sa situation sur la frontière commune & litigieuse de deux grands Empires, le Persan & l'Indien, est regardée comme une des plus importantes places de l'Asie, doit sa fondation au grand Iskander ou Alexandre, selon le témoignage des géographes Orientaux. En effet, sa situation convient précisément à une Alexandrie, qu'en sortant de l'Arachosie pour passer dans la Bactriane, Alexandre construisit au pied du Caucase, dont le nom plus propre en cette partie est *Paropamisus.* Cette convenance de situation, jointe au témoignage des écrivains de l'Orient, suffisant pour décider que Kandahar est une Alexandrie; je ne crois pas qu'il faille encore imaginer qu'il y ait analogie dans la dénomination actuelle de Kandahar, comme quelques auteurs, & le géographe Turc avec Abulfeda, le prétendent. Dans Kondohar (car ce nom s'écrit aussi de cette manière) ou Kandahar, on ne retrouve point la lettre initiale & caractéristique du nom de Skander ou Iskander, laquelle n'a point été supprimée dans la dénomination des autres villes qui ont conservé le nom d'Alexandrie: Iskanderiê d'Egypte, Skanderona ou la petite Alexandrie, &c. D'ailleurs, *Kohund,* & par abréviation *Kond* ou *Kand,* est un terme particulier de l'ancien langage Persan, désignant proprement une forteresse. Il est employé, le plus souvent en final, dans un grand nombre de dénominations de lieu;

& on peut même le regarder comme établi dans l'antiquité.
Il peut suffire d'apporter pour exemple *Maracanda*, selon
que les géographes & les historiens, à remonter jusqu'au
temps d'Alexandre, font mention de Samar-kande. La carte
que j'ai dressée de l'Inde fournit la position d'un lieu nommé
Kandahar, dans l'étendue du Decan, & en tirant vers Golkonde, à près de trois cens lieues du terme de l'expédition
d'Alexandre : dira-t-on que la dénomination de cette place
doit se rapporter à ce prince ?

La plûpart des lieux marqués sur ma carte entre Kandahar & l'Indus, je les dois à la géographie Turque, compilée
par Kiatib-shelebi, sous le titre de *Gehan-Numa* (le miroir du
Monde) ou au détail historique de l'expédition de Timur.
Ce pays, dans les géographes Orientaux, est nommé *Zablistan;* & quoique la ville de Kabul y soit communément
comprise, ce nom n'est pas le même que celui qui se forme
sur le nom de Kabul, c'est-à-dire *Kabulistan*. Dans les tables
de Nasir-uddin & d'Ulug-beg, ces deux districts sont même
distingués, & Gazna est qualifiée capitale du Zablistan, sous
lequel dans ces tables, Zarang, & par conséquent le Sigistan, se trouvent compris. Le géographe Turc fait Gazna
capitale d'un district particulier, renfermé dans les montagnes, entre Bamian, Gazna, & Kabul; & dont le nom est
Kast. Cette ville, qui sous Mahmud, fils de Sebek-takin,
devint le siége d'un des grands Empires de l'Asie, & dont
le nom a fait donner celui de Gaznevides aux princes issus
de ce sultan, semble mériter que l'on recherche exactement
sa situation. Nasir-uddin & Ulug-beg en indiquent la latitude
à 33 degrés 35 minutes, ne surpassant par conséquent celle
de Kandahar que d'environ deux tiers de degré. Le Mehlebi,
cité par Abulfeda, fixe la position de Gazna aux confins du
Sigistan, à 40 parasanges de Bost. Le point de Bost, dans
ma carte d'Asie, tient à celui de Zarang, la capitale du Sigistan, par une suite de distances prescrites; & l'espace qui
reste entre Bost & Gazna fournissant la mesure des parasanges sur le pied de 17 au degré à l'ouverture du compas,

il n'eſt pas à craindre que cet eſpace ſoit trop reſſerré. Je remarque néanmoins, que la poſition de Gazna n'atteint pas la longitude de Kandahar, quoique dans la carte de Perſe de M. Deliſle, Gazna ſoit au contraire de deux degrés & demi plus oriental que Kandahar. Mais, on ne peut diſconvenir que Gazna, placé dans le voiſinage de Kabul en cette carte de la Perſe, ne s'écarte exceſſivement des limites du Sigiſtan. D'ailleurs, ſi la longitude de Kabul ne paſſe celle de Kandahar que d'environ deux degrés, comment en admettre deux & demi entre Kandahar & Gazna? La route de Kandahar à Kabul (puiſqu'il faut entrer dans le détail) fait compter environ trente-huit paraſanges. Or, la différence de deux degrés de longitude, & celle de la hauteur entre Kandahar & Kabul, donnent aſſez d'eſpace pour que ces paraſanges ſoient d'une telle étendue, que dix-ſept ſuffiſent pour un degré, indépendamment de ce que les circuits du chemin doivent ajoûter à une meſure conclue directement. Ce n'eſt donc pas pour avoir reſſerré l'eſpace entre Kandahar & Kabul, que Gazna ne ſe place pas en poſition intermédiaire; & je devois la diſcuſſion de ces points à la juſtification des poſitions de ma carte, vis-à-vis d'une autre dont elle differe.

Au levant de Kandahar, & ſelon le géographe Turc, à cinq journées au midi de Kabul, eſt une ville de remarque, nommée *Nagar.* Sa latitude, que ce Géographe indique de 3 2 degrés & demi, devient peu différente dans ma carte, en approchant un peu plus de 3 3. *Nagar* eſt un terme employé par les Indiens, pour déſigner une ville principale. La capitale de Kashmir, dont le nom eſt *Siri-nagar,* quelquefois eſt appelée ſimplement *Nagar.* Dans la traduction que nous avons de l'hiſtoire de Timur, où il eſt mention de la ville dont il s'agit, ſur la route de ce conquérant Tartare en s'avançant dans l'Inde, & de plus ſur celle de ſon retour, on lit *Nagaz.* Mais, dans Ptolémée, où la même ville ſe retrouve préciſément, on lit Νάγαρα: & ce qui ne peut manquer de paroître ſingulier, comme peu ordinaire à rencontrer chez ce coſmographe, c'eſt que la latitude y eft marquée convenablement au local actuel, c'eft-à-dire 3 2 degrés & demi ou deux tiers. Une autre circonf-tance qui mérite attention dans Ptolémée, c'eft qu'il ajoûte au nom de *Nagara*, ἢ χỳ Διονυσιόπολις, qui fe nomme auffi *Dionyfiopolis*. Comme cette pofition fe range dans le quar-tier de l'Inde, où les hiftoriens d'Alexandre ont placé la ville de *Nyfa*, dont la fondation fe rapportoit à Dionyfius ou Bacchus, dans l'expédition de l'Inde qu'une tradition lui attribuoit, le nom de *Dionyfiopolis* devient une indication de cette ville. Dans fon voifinage on diftinguoit une mon-tagne, dont le nom de *Merus* qu'elle portoit, fignifiant en Grec la même chofe que *femur*, faifoit allufion à la fable qui fuppofoit que Bacchus étoit forti de la cuiffe de Jupiter. Or, la géographie Indienne, écrite en langue Tamule, fous le titre de *Puwana-faccaram*, & citée par Bayer dans fon hiftoire des rois Grecs de la Bactriane, fait expreffe mention de la montagne de *Meru*, qu'elle place au couchant d'*Imeia-parubadam*, ou du mont Imeia, dont elle fait fortir le Gange. De plus, les Indiens placent au pied de ce mont Meru, une ville de *Nifada-buram*, dont le nom, détaché du mot Indien *pur* ou *puram*, qui défigne une ville, donne évidemment celui de *Nyfa*. On dira peut-être, que les Indiens ayant été foûmis par Alexandre, & que la même domina-tion s'étant foûtenue pendant un temps dans le nord de l'Inde fous plufieurs rois Grecs de la Bactriane, qui s'éten-dirent même, à ce qu'on prétend, plus loin qu'Alexandre; le merveilleux des opinions Grecques a pû prendre faveur, & acquerir du crédit chez la nation fubjuguée, fans que le témoignage de cette nation faffe une autorité fpéciale pour le fond des chofes. Mais, quand l'expédition de Dionyfius aux Indes ne fera pas moins déclarée fabuleufe, que fi les monumens Indiens ne difoient rien qui y eût rapport; toûjours eft-il avantageux à la Géographie de retrouver un lieu illuftré par des fables auffi reculées de nos temps, & c'eft ce que la pofition de Nagar nous procure ici.

Je penfe même pouvoir infifter fur un point, auquel je

n'ai touché d'abord que comme en passant. La convenance qui paroît dans la latitude que Ptolémée assigne à Nagara, n'est peut-être pas l'effet tout-à-fait fortuit d'un hasard heureux. Cette ville figuroit chez les Indiens d'un siècle très-reculé. Non seulement la géographie, mais encore l'histoire Indienne en fait mention sous le nom de *Nisada-buram,* comme d'un lieu qui a produit un Héros, nommé *Maidha-suren.* On peut croire que les Indiens, qui par leur Brahmènes ont cultivé l'Astronomie de temps immémorial, connoissoient par observation la hauteur de cette ville, & que cette détermination est entrée dans les mémoires sur lesquels Ptolémée a décrit cette partie de l'Inde. Je suis convaincu, par diverses positions de lieu, que Ptolémée a été dans un cas pareil ; & la latitude qu'il indique de Maracanda ou Samarcande, la principale des villes de la Sogdiane, contrée presque limitrophe de l'Inde, donne lieu à une discussion singulière sur ce sujet. Dans ce cosmographe, la Sogdiane est tout-à-fait déplacée de sa latitude : le fleuve Oxus, au-delà duquel cette province est située toute entière, & qui en fait la séparation de la Bactriane, coule, selon Ptolémée, sous le parallèle d'environ 44 degrés. Cependant il indique la position de Maracanda à 39 degrés un quart, la confondant par cette latitude avec les villes de la Bactriane, bien qu'elle fût βασίλεια Σογδιανῆς χώρας, selon les termes d'Arrien, dans son histoire d'Alexandre, sur le passage duquel cette ville s'est rencontrée. Mais, d'où vient cet écart entre la Sogdiane & Maracanda de la part de Ptolémée ? C'est que l'emplacement de la Sogdiane y résulte de l'usage qu'il faisoit des itinéraires sur une fausse estimation de leurs mesures, auxquelles attribuant trop d'étendue, il devoit s'en-suivre qu'il donnât en général plus d'espace aux pays qu'ils n'en occupent, & que la Sogdiane en particulier fût poussée beaucoup trop loin. Mais, quant au point de Maracanda, comme au lieu d'environ 7 degrés d'erreur, où il se trouve à l'égard de l'Oxus, il ne s'écarte que d'une fraction de degré de la latitude vraie de Samarcande, qui est 39 degrés 37 minutes, selon les observations du sultan Ulug-beg, dont cette ville a été le siége royal : ne conclura-t-on pas que Ptolémée ne l'a ainsi placée si près du lieu vrai, lorsque pour l'y assujétir il la transportoit d'une province à une autre, que parce qu'il étoit fixé par quelque détermination spéciale & positive? Le défaut d'une fraction de degré dans Ptolémée ne fait ici aucun ombrage, puisque la précision qu'on desire aujourd'hui dans de pareilles déterminations, n'est pas exigible pour les lieux dont il s'agit, & moins encore d'un siècle très-éloigné du nôtre. J'ai reconnu, que sur la capitale de la Sérique, *Sera metropolis*, Ptolémée n'est écarté que d'environ un tiers de degré, de celle dont est assuré pour la ville qui la représente actuellement, ville fort différente de l'emplacement où nos Géographes transportent *Sera* dans leurs cartes. Or, ces convenances, qui se répètent ainsi à l'égard de plus d'une position, donnent lieu, ce semble, d'inférer que Ptolémée ayant fait usage de quelques points déterminés par la hauteur, celui de Nagara, où cette convenance se remarque, seroit du nombre de ces points.

Cette discussion m'a paru de quelque conséquence pour la Géographie, & n'étoit point faite ailleurs, que je sache. Mais, je m'expliquerai le plus brièvement qu'il sera possible sur d'autres lieux, qui étant inconnus jusqu'à présent, ou tout au moins fort déplacés dans les cartes, veulent que je ne supprime pas totalement le compte qu'on peut en rendre. Palpeter & Kerdiz sont tirés de la géographie Turque. Iri-ab, Shenuzan, Aesica, Banou, se concluent des marches de Timur. Pishaûer & Gindeli sont sur la route d'Attek à Kabul, & la première de ces villes est capitale de la province de Bankish, selon le dénombrement des provinces de l'Indostan, donné par Édouard Terri, Anglois. Gaûr-bend est un quartier creux & serré entre les montagnes, comme la dénomination l'exprime, sur la route de Kabul à Balk. Devavê, grande ville, dit le géographe Turc, au confluent de la rivière de Pendj-purê, & d'une autre rivière qui sort des montagnes de Kuber, qui sont plus orientales,

la

la rivière de Kabul se joignant aussi près de là à ces rivières
ainsi réunies. Ash-nagar est une autre grande ville, qui
donne même son nom à une province particulière. Elle est
située, selon le même Géographe, dans l'endroit où la rivière
de Hezarê (qui est celle de Kabul) se joint avec l'Indus.
Kener ou Kaner est un canton de pays montagneux, à douze
journées d'Ash-nagar : la distance est peut-être marquée un
peu forte. D'ailleurs, la situation entre le nord & le couchant à l'égard d'Ash-nagar, comme 'ajoûte le Géographe,
doit être corrigée, n'étant pas douteux, à mon avis, qu'il
ne soit question de la province de Kakaner, mentionnée
dans le mémoire de Terri, laquelle tomberoit sur Kabul,
selon cette situation, au lieu qu'elle se range beaucoup plus
à l'orient. Il est mention de Suvat, comme d'un canton du
pays d'Ash-nagar, dans la même géographie Turque. Et
selon la relation faite par le sieur Otter, du retour de Nadir-
shah, roi de Perse, de son expédition de l'Inde, Suvat est
une rivière, sur le bord de laquelle est située une place
nommée *Renas,* à l'orient de la rivière d'Attek. On trouve
dans Ptolémée une rivière du nom de *Suastus,* & une contrée qui en tire le nom de *Suastene;* ce qui semble représenter
& le canton & la rivière, dont les notions modernes nous
instruisent. A environ une journée de Renas, en tirant vers
le nord, & au couchant de la rivière qui descend de Kabul,
est Ferhalê, dont Ebn-Maruph fait mention comme de la
capitale du district de Potual (ou Pocual), la différence d'un
point dans le caractère faisant la diversité de ces leçons. On
sait qu'Attek est une ville considérable, & située avantageu-
sement à la jonction de deux rivières, qui sont l'Indus
même, comme on le conclura de ce que j'exposerai ci-après,
& le Tchenav. Une suite de positions, avec des distances
indiquées, depuis la frontière de Kashmir & le lieu nommé
Gebhan, en passant par Berudgê & Banou, l'Indus intermé-
diairement, jusqu'à Nagar, se détermine par la marche de
Timur, lorsqu'il reprend la route de sa résidence à Sama-
kande. Il est à supposer, que l'inspection de la carte

D

accompagne la lecture de ce détail de lieux, pour en faire connoître la combinaifon & le réfultat.

J'ai appris du géographe Turc, qu'il defcend de Gazna une rivière nommée *Dilen*, paffant à Palpeter, & recevant auprès de Kerdiz (lieux dont j'ai parlé) une autre rivière nommée *Semil.* Ces rivières réunies forment celle qui porte le nom de *Cow*, que l'on trouve auffi appelée *Nil-ab*, qui eft une dénomination Perfane. Près de Nagar il s'y joint une autre rivière, qui vient des environs de Kandahar. Elle eft nommée *Hir* dans l'hiftoire de Timur, & paffe dans le voifinage d'une tribu des Agvanis nommée *Pervian*, qui habite les montagnes que Ptolémée a marquées fous le nom de *Parueti*. On fait ce que la nation des Agvanis a eu de part dans les révolutions de la Perfe, qui ont renverfé le trône des Sofis. Ce font des montagnards, qui entre la Perfe & l'Inde, vivent prefque dans l'indépendance, comme les Kurdes entre la Turquie & la Perfe. Et le pays qu'ils occupent fe nomme *Agvaniftan*, de même que Kurdiftan eft le pays des Kurdes. Ils ne font pas renfermés dans le canton feul des environs de Kandahar & de Gazna, ils occupent encore les montagnes voifines de Kashmir, au-delà de l'Indus; & ces montagnes font appelées *Joudi*, qui eft un nom femblable à celui que portent les monts Gordiéens du Kurdiftan. Thévenot parle d'une province de l'Inde appelée *Aioud*, qui n'eft autre que le canton de la montagne de *Ioud*, dont l'hiftoire de Timur fait mention.

La rivière dont je viens de parler fe rend dans l'Indus, fous une place nommée *Tshehin-kot*, dont il fera queftion par la fuite. Plufieurs rivières, forties des monts Hendou-kesh, fe réuniffent dans le voifinage de Kabul. On regarde celle qui fort d'une vallée nommée *Logman*, comme la fource de la rivière de Kabul. Cette rivière, dans l'hiftoire de Timur, eft nommée *Hezarê*, ou millième ; elle eft auffi appelée *Abi-behat*, ou rivière des Aromates. Selon E'drifi, la rivière qui porte le nom de *Mofelle* eft la même que celle des Aromates, & a fa fource dans la montagne de *Caren.*

Or, Garan ou Caren, nous eſt connu comme un lieu voiſin de Kabul, en tirant vers les montagnes. On a pû remarquer plus haut, que la rivière de Kabul reçoit pluſieurs rivières auprès de Devavê, & qu'elle eſt reçûe par l'Indus auprès d'Ash-nagar. Voilà la première déſignation de l'Indus. Il eſt enſuite déſigné comme paſſant entre Berudgê & Banou dans le retour de Timur. Nadir-shah, après avoir paſſé le Tshenav, rencontre la rivière de Suvat à Renas, & paſſant la rivière d'Attek, qui doit être l'Indus, ſe rend à Pishauer, que l'on ſait d'ailleurs être ſitué ſur la route qui conduit d'Attek à Kabul. J'ai fait obſerver que Ptolémée marque une rivière ſous le nom de *Suaſtus*, qui convient fort à la rivière de Suvat : mais elle y paroît déplacée, en ce qu'il la fait courir au couchant de l'Indus, pour la conduire dans le *Coas*, qui eſt la rivière de Cow.

Le Tshenav, qui ſe joint à l'Indus près d'Attek, eſt la rivière qui ſort de la province de Kashmir. Il en faut croire deux voyageurs modernes, tels que Bernier & Thévenot. L'hiſtorien Perſan de Timur lui donne le nom de *Dindana*, appliquant le nom de *Genave*, qui eſt le même que celui de Tshenav, au fleuve qui coule au midi, ou en tirant davantage vers Lahaûr, & qui dans les relations actuelles porte le nom de *Shantrov.* On ſait combien Kashmir eſt célébré par les Orientaux, pour les avantages qu'il a reçus de la nature. C'eſt une eſpèce de conque, formée par les montagnes qui l'environnent exactement & le défendent de tous côtés, & d'où coulent une infinité de courans d'eau, qui ſe réuniſſent en une rivière avant que d'arriver à Siri-nagar, la capitale du pays. Et pour ſortir de ce pays, il falloit que cette rivière s'ouvrît entre les montagnes un paſſage, qui n'a de largeur qu'autant qu'il en faut pour ſon écoulement, & qui ſe nomme *Baramulé.* Les tables des Orientaux portent la latitude de Kashmir au trente-cinquième degré : mais, je tiens qu'il en faut rabattre. Celle de Lahaûr eſt indiquée à trente-un degrés cinquante minutes. De Lahaûr à Bember, qui eſt la route ordinaire de Kashmir, la diſtance peut s'eftimer environ trente lieues de vingt au degré. Mais, cette route étant dirigée obliquement, & prenant de l'oueft autant que du nord, n'ajoûte pas un degré d'élévation. Bember eft fur le Tshenav, au pied d'une montagne, qui n'eft pas celle du paffage de Baramulé, mais qui n'en eft pas autant éloignée que de Lahaûr; & à l'égard de Bember, la pofition de Siri-nagar doit être tournée vers nord-eft, au contraire de la route de Lahaûr à Bember. De ces circonftances, il réfulte que Siri-nagar ne fauroit s'élever beaucoup au deffus de trente-trois degrés. L'opinion où je fuis, que les Géographes, en élevant Kashmir à trente-cinq, ont dérangé par-là le nord de l'Inde, demandoit d'être juftifiée par cette dif-cuffion. Bernier a donné dans fa relation une carte de Kashmir, qui paroît avoir été ignorée de nos Géographes, auxquels cette partie de l'Inde en général a coûté peu d'étude.

Tshenav eft la première des cinq rivières, qui ont fait donner la dénomination Perfane de *Pendj-ab* à une grande province de l'Inde, fituée entre l'Indus & les montagnes. Shantrov fuccède à Tshenav. Ravei, qui eft la rivière de Lahaûr, vient après, puis Biah, puis Caûl. La diverfité que l'on remarque dans les différens auteurs ou écrivains où il eft mention de ces rivières, a de quoi étonner, & n'eft pas un médiocre embarras pour quiconque veut débrouiller cette matière. Différens noms donnés à la même rivière, ont contribué à y mettre de la confufion. C'eft à la partie inférieure du Shantrov que convient le nom de Jamad, que l'on trouve dans l'hiftoire de Timur, & qui eft proprement celui d'une fortereffe renfermée dans une île de cette rivière. Trois petites provinces particulières, Nagar-kot, Jenba & Jengapur, fituées dans les montagnes qui bordent l'Inde, occupent la partie fupérieure de ces rivières. Tshamou eft connu par l'expédition de Timur, & le détail de fa marche, depuis ce lieu jufqu'à Gebhan, limitrophe de Kashmir, n'y met pas un grand intervalle. La ville de *Ser-hend* ou *Serinda*, fixée par fa fituation fur la route de Lahaûr à Dehli, à l'extrémité du Pendj-ab, eft une pofition intéreffante à retrouver. Procope, au quatrième livre de la guerre des Goths, rapporte que fous l'empire de Juftinien, ce qu'on appeloit *fericum,* la foie, fut apporté à Conftantinople, de Serinda contrée de l'Inde, par deux Religieux. Dans le nom de *Ser-hend,* la feconde des deux parties qui le compofent eft le nom de l'Inde même, que les Orientaux écrivent Hind ou Hend, & qui s'allie avec une autre dénomination, comme lorfqu'ils appellent Turk-hend, la Tartarie voifine de l'Inde. Et puifque la foie venoit antérieurement du pays des Seres ou de la Sérique, qui l'avoit reçûe des Chinois par des colonies, dont l'établiffement m'eft connu; on peut, ce femble, conjecturer que le mot *Ser* dans Ser-hend en tire fon origine, ainfi qu'il eft notoire que la dénomination même de *fericum* en a dérivé.

J'omets ici un grand nombre de lieux, que la direction de Lahaûr à Dehli, de Lahaûr à Attek, de Lahaûr à Multan, défigne devoir leur emplacement à la fituation qu'ils ont fur les routes qui conduifent à ces villes. La pofition de Lahaûr me paroît donnée dans la table Théodofienne. Car, immédiatement à la fuite d'un lieu qui s'y trouve dénommé *Alexandria Bucefalos,* ce qui défigne, fans équi-voque, la ville de *Bucephala,* qu'Alexandre conftruifit fur le bord de l'Hydafpe, on voit une autre pofition avec la figure affectée dans la table aux villes confidérables, dont le nom fe lit *Tahora,* mais apparemment pour *Lahora.* Ceux qui connoiffent cette table ne difconviendront pas, que les noms de lieu y font fouvent plus défigurés que celui-ci. J'ajoûte que le nombre L X X, marqué pour la diftance, me paroît convenable en cofs, à l'éloignement de Lahaûr, à l'égard du lieu où l'on peut préfumer qu'Alexandre paffa l'Hydafpe, & qu'il prit pour l'emplacement de Bucephala. J'écris Lahaûr avec un accent fur l'û, pour le détacher de l'a, d'autant que d'après les Orientaux on écrira même Lahaüer. Il me fuffira de citer fur ce fujet la traduction d'Edrifi par les Maronites, partie huitième du fecond climat.

D iij

Il eſt queſtion maintenant de prendre l'Indus à Tshehin-kot, où j'ai dit qu'il reçoit la rivière de Cow. Tshehin-kot eſt une grande ville avec une fortereſſe, comme le terme Indien *Kot* le déſigne, ſur une montagne qui en eſt voiſine. Sa latitude eſt de trente-trois degrés, ſelon le géographe Turc; duquel on apprend enſuite que l'Indus paſſe ſucceſſivement à Tshuparê, Kanêpur, puis près de Pilotou, ſitué ſur une montagne; de-là à Derehi-Iſmaïl-kan, & Derehi-Fethi-kan, puis à Sitpur. La droite de l'Indus en cette partie-là doit être la province d'Hajakan, ſelon qu'Édouard Terri en fait mention : la gauche eſt un deſert nommé *Gerou*, autrement *Tshol-gelali*, ſelon l'hiſtorien Perſan de Timur, le dernier de ces noms ſe rapportant à Gelal-uddin, fils de Mahamed, dernier ſultan de Kharaſm, lequel Gelal-uddin, preſſé par Genghiz-khan qui le pourſuivoit, traverſa l'Indus & ſe ſauva dans ce deſert.

Vis-à-vis de Sitpur, ſitué ſur le rivage droit de l'Indus, eſt une ville nommée Outshê, ſur le rivage gauche. Ces poſitions ſont données par le géographe Turc. Multan ou Moltan, une des plus célèbres villes de l'Inde, & dont le nom lui eſt commun avec la province qui en dépend, s'écarte de l'Indus du même côté que celui d'Outshê; & les rivières qui l'environnent doivent être, d'un côté Shantrov & Ravei unies enſemble, & de l'autre Biah. Et c'eſt à la hauteur de cette ville, qu'après que ces rivières ont encore été jointes par celle de Caûl, elles ſe rendent dans l'Indus. Comme il y a des cartes qui ne marquent l'union de la dernière qu'auprès de Bukor, on peut ſuppoſer qu'il s'en détache un bras qui deſcend juſque-là. Les tables de Naſir-uddin & d'Ulug-beg indiquent la latitude de Multan à 29 degrés 40 minutes. Sa diſtance à l'égard de Lahaûr eſt eſtimée 120 coſſ, & l'ouverture du compas ſur ma carte en donne l'eſpace ſur le pied du coſſ commun, plus étendu que celui de meſure déterminée. J'ajoûterai que les poſitions de Tulomba, Shanauaz, Jengian, Gehual, Adjudan & Dipalpur; & de plus Batnir, & une ſuite de lieux depuis Batnir juſqu'à

Samané fur la rivière de Kehker, qui n'eft plus de celles qui portent le tribut de leurs eaux à l'Indus, font tirées des marches de Timur, auxquelles on peut recourir pour juger fi j'en ai fait un ufage convenable.

Jufqu'ici, en parcourant la partie fupérieure de l'Inde, & la plus élevée vers le nord, nous avons embraffé tout l'efpace de terre coupé par les rivières que l'Indus raffemble, & qui font comme les branches de l'arbre auquel l'Indus paroît femblable dans une carte : en forte qu'il ne nous refte plus à décrire que le tronc de cet arbre, & fes racines, que les canaux formés par le fleuve pour communiquer à la mer par plufieurs embouchûres, femblent repréfenter, afin de rendre la reffemblance plus complette. Mais, avant que de fuivre le cours de ce fleuve dans fa partie inférieure, je n'omettrai point d'entrer en quelque difcuffion de la route d'Alexandre dans l'Inde, puifqu'au commencement de cette fection, en parlant de la difficulté de bien diftinguer les rivières qui tombent dans l'Indus, j'ai témoigné avoir fait une étude de cette route, & en avoir tiré quelque avantage. Quand le détail des marches d'Alexandre ne feroit d'aucune utilité à la repréfentation de l'Inde actuelle, ne faudroit-il pas chercher à profiter de cette repréfentation pour fixer le local de ces marches? Et la defcription de ces marches ne fournira-t-elle rien, qui puiffe même concourir à déterminer divers points qui figurent dans la repréfentation?

De tous les hiftoriens d'Alexandre, le plus autorifé fans contredit eft Arrien, qui raconte les faits fur les mémoires de deux compagnons de ce conquérant, principalement de Ptolémée Soter, roi d'Egypte. Arrien eft plus fidèle dans fes récits que Quinte-curce, plus circonftancié que Diodore de Sicile & Plutarque. C'eft donc cet hiftorien que je prends pour guide, ne me propofant néanmoins de faifir dans fon récit que ce qui fait plus pour mon objet.

Alexandre, partant de Kandahar, fe rend fur le fleuve Cophes, où il fait un détachement de fon armée fous la conduite d'Héphæftion & de Perdiccas, pour fe rendre

directement dans la Peucélaotide, & s'avancer jusqu'à l'Indus,
avec ordre de jeter un pont sur ce fleuve. Pour lui, prenant
une autre route, & traversant un pays montueux & le fleuve
Choes, il marche contre les Aspiens, & arrive à une autre
rivière qui est nommée *Euaspla*. Il se rend maître d'*Ari-
gæum*, ville des Aspiens. De-là, par le pays des Guræens,
& traversant le fleuve *Guræus*, il entre chez les *Assaceni*,
dont la ville principale, peu éloignée à ce qu'il paroît du
fleuve Guræus, se nommoit *Masaga*. Plusieurs autres villes
n'ayant pû résister, les gens du pays se réfugient à une
roche nommée *Aornos*, qui passoit pour inexpugnable. Alexandre marche vers l'Indus, reçoit à composition la ville
de *Peucela*, située, dit Arrien, près de ce fleuve, & arrive
à une autre ville nommée *Embolima*, dans le voisinage
d'Aornos. Il surmonte la difficulté des lieux, & la résistance
de ceux qui défendoient cette roche. Un mouvement dans
le pays des Assaceni le fait retourner de ce côté-là; après
quoi il reprend sa route vers l'Indus. Les Indiens sur cette
route s'étoient réfugiés dans un lieu nommé *Parisadis*, ayant
abandonné leurs éléphans sur le bord de l'Indus, qui ne
devoit pas être éloigné. Alexandre trouvant une forêt près
du fleuve, il la fait couper pour construire des bâtimens,
lesquels étant lancés à l'eau, il descend jusqu'à l'endroit où
Hephæstion & Perdiccas avoient préparé un pont. A ces
circonstances, on peut ajoûter ce qu'Arrien dit dans un récit
détaché, que ce fut dans cet espace de pays qui s'étend entre
le Cophes & l'Indus, qu'Alexandre rencontra la ville de
Nysa, dont la position a été ci-devant discutée.

En appliquant cette narration à ce que la carte représente,
on voit que *Choes* étant indubitablement la rivière nommée
Cow, le *Cophes* qui se rencontre auparavant, doit être la
rivière qui sort des environs de Kandahar. Dans Strabon, le
Choes est nommé *Choaspes*. La rivière qui suit, & dont
le nom d'*Euaspla* ne se retrouve point ailleurs, & paroît
même suspect à Blancardus, dans ses notes sur Arrien, est
la rivière de Kabul, & la nation des Aspiens occupoit
vrai-semblablement

vrai-semblablement les environs de cette ville. Comme on reconnoît, à n'en pas douter, la nation des Assaceni dans le canton que j'ai marqué sous le nom d'*Ash nagar*, le fleuve Guræus ne peut être que celui qui se forme de la jonction de plusieurs rivières auprès de Devavè. Peucela prend la place de Ferhala, le nom de la contrée, selon la leçon de Pocual, rappelant évidemment celui de Πευχέλα; avec d'autant plus de convenance que Πευχέλαῶτις désignoit pareillement la contrée, qui, au rapport d'Arrien, s'étendoit du Cophes à l'Indus. Je crois retrouver Aornos dans la forteresse de Renas; & Barisadis est très-distinctement donné dans la position comme dans le nom de Berudgê, avec ce caractère de convenance que c'est comme un lieu fort que Berudgê est indiqué dans l'expédition de Timur. Je conviens bien, que si la position d'Aornos est Renas, il faut que celle d'Embolima, qui, selon l'historien, étoit peu loin d'Aornos, soit mal placée dans la carte dressée sur Ptolémée, c'est-à-dire, près du Coas ou Choes, vers son embouchûre dans l'Indus. Car, selon cet emplacement, on pourra remarquer que la position d'un lieu fortifié sur une montagne, dont j'ai parlé sous le nom de Tshehin-kot, conviendroit mieux pour Aornos que Renas. D'un autre côté, ce que Strabon dit d'Aornos, que ce rocher étoit voisin des sources de l'Indus, quoique je ne pense pas que cela puisse être pris à la lettre, toutefois on l'appliquera moins volontiers à Tshehin-kot qu'à Renas. Mais, ce qui est plus important à noter, c'est que dans cette marche d'Alexandre, l'Indus, ainsi appelé, n'est point celui qui se trouve désigné sous ce nom dans la discussion qui a été faite du local, selon les notions actuelles, recueillies des différentes sources dont elles émanent. Le Tshenav est évidemment l'Indus d'Alexandre. Je ne vois d'équivoque en ce point qu'une circonstance, que je ne dissimulerai pas: elle consiste en ce qu'Arrien, cet auteur qui nous guide, lorsqu'il parle de Peucela, place cette ville peu loin de l'Indus. Or, la position convenable à Peucela, bien loin de pouvoir se ramener au Tshenav, prend sa place sur

E

le fleuve qui, par d'autres endroits, femble être l'Indus préférablement au Tshenav. Cette contrariété prouve bien la
difficulté de fixer fon opinion fur l'Indus, felon que je m'en
fuis expliqué. Mais, outre les diverfes pofitions de lieu qui
viennent de nous conduire jufqu'au Tshenav, la fuite de
l'expédition d'Alexandre veut que le Tshenav foit la rivière
qu'il traverfa fous le nom d'Indus. Car, au lieu de quatre
fleuves à reconnoître dans cette fuite d'expédition, comme
on verra ci-après, il y en auroit indubitablement cinq. Il
eft conftant, que jufqu'à préfent l'objet de cette difcuffion
n'avoit point été autant étudié & éclairci; & je fournis ici
de quoi corriger en divers points une carte de l'expédition
d'Alexandre, que j'ai dreffée pour l'hiftoire ancienne de
M. Rollin, dans un temps où j'étois moins inftruit qu'actuellement. Mais, en cette carte, je n'ai point à me reprendre
d'avoir franchi les barrières de Kashmir, pour y conduire
Alexandre; quoiqu'un de nos géographes, en traitant le
même fujet, ait fait entrer l'Euafpla, le Guræus, les Affa-
ceni, &c. dans ce qui eft repréfenté comme Kashmir en
fa carte de la Perfe. Les hiftoriens d'Alexandre, dans le récit
des marches de ce conquérant, ne fpécifient rien qui ait
quelque rapport à la fituation toute fingulière de cette province, qui ne pouvoit manquer d'être obfervée.

Ayant paffé l'Indus, Alexandre fe rendit à Taxila, la plus
grande des villes de l'Inde entre l'Indus & l'Hydafpe. Je
fuis porté à croire que cette ville n'eft point différente
d'Attek ou Attak, qui, à la jonction du Tshenav & de
l'Indus, peut être affife fur le rivage gauche ou ultérieur de
ces rivières. C'eft même à la gauche de l'Indus précifément,
que cette pofition eft marquée dans une carte de l'empire
du Mogol, inférée dans Blaeu; ce qui fuffit abfolument
parlant, pour qu'on puiffe dire de cette ville, qu'elle eft
fituée entre l'Indus, & l'Hydafpe ainfi nommé dans l'antiquité. De Taxila, Alexandre marcha vers l'Hydafpe, contre
Porus, qui l'attendoit fur la rive ultérieure de ce fleuve. Et
l'ayant traverfé, & vaincu ce monarque Indien, il fe rendit

à l'Acéfines, dont il eft parlé comme du plus confidérable des fleuves qui defcendent dans l'Indus. A l'Acéfines fuccède l'Hydraotes, dans la marche d'Alexandre. Entre l'Hydraotes & l'Hyphafis, un exploit particulier de ce prince contre quelques peuples de l'Inde, ne fait rien à notre difcuffion. L'Hyphafis, dont le nom dans quelques auteurs fe lit Hypafis ou Hypanis, eft le terme des conquêtes d'Alexandre, & en même temps le dernier des fleuves qui fe rendent dans l'Indus. Il n'y a aucune difficulté à reconnoître les quatre fleuves dont il eft queftion. On retrouve l'Hydafpe dans Shantrov; l'Acéfines dans la rivière qui paffe près de Lahaûr, ou Ravei; l'Hydraotes dans Biah; l'Hyphafis dans Caûl. Et comme Alexandre, dans fa marche, la dirigea pluftôt vers le haut pays, & la partie fupérieure des rivières, que vers le bas, ainfi que Strabon le dit formellement, je préfume qu'il s'arrêta vers la hauteur où la pofition de Ser-hend nous eft donnée.

Alexandre revenant fur fes pas jufqu'à l'Hydafpe, y trouva fa flotte raffemblée, les hiftoriens ayant marqué, que les bâtimens conftruits fur le bord de l'Indus avoient été tranfportés par terre en plufieurs pièces jufqu'à l'Hydafpe, lorfqu'il fut queftion de traverfer cette rivière pour attaquer Porus. L'Hydafpe conduifit Alexandre dans l'Acéfines; & l'hiftoire nous apprend, qu'à la jonction de ces rivières, leur lit commun fouffre un rétréciffement, où la violence du courant endommagea la flotte. Par l'Acéfines on arriva au confluent de l'Hydraotes; & c'eft dans l'intervalle de l'Acéfines à l'Hydraotes, comme au centre du Mol-tan ou Multan, qu'on voit par l'hiftoire, qu'habitoit la nation puiffante des *Malli*, dont le nom, outre la fituation, eft en grand rapport avec la dénomination actuelle. Avant que d'arriver dans l'Indus, en continuant la navigation de l'Acéfines, on trouva l'embouchûre de l'Hyphafis. Par-là nous fommes inftruits plus pofitivement que de toute autre part, autant qu'il m'a paru, de la manière dont Shantrov, Ravei, Biah, & Caûl, s'uniffent à l'Indus; ce qui pouvoit fuffire pour nous déterminer à confulter ici les marches d'Alexandre, comme à les difcuter.

On fent d'autant mieux l'avantage d'être ainfi fixé fur le cours des rivières Indiennes, que dans le livre qu'Arrien a écrit en particulier fous le titre d'Ἰνδικά, après avoir dit conformément à ce qui réfulte de l'hiftoire, que l'Acéfines reçoit l'Hydafpe, l'Hydraotes, & l'Hyphafis; il s'explique, une page plus bas, d'une manière confufe, & même fautive. Il nomme des rivières dont le cours paroît douteux autant qu'ignoré, & qui peuvent être les mêmes que celles qui font connues fous d'autres noms, par la raifon que nous voyons que ces rivières font appelées de différentes manières, & que dans la compofition de ce livre, Arrien compile diverfes relations, qui n'ont pas l'authenticité du narré fuivi d'une marche telle que celle d'Alexandre. Si on confulte Ptolémée, on trouve qu'il ne reffemble, pour ainfi dire, à rien. Bidafpes ou l'Hydafpe y reçoit à fa gauche, & fucceffivement, deux rivières, Sandabalis, & Adrius ou Rhuadis; puis il eft reçû par celle qui eft nommée Zadadrus, laquelle ayant premièrement rencontré à fa droite une rivière, dont le cours eft très-abrégé fous le nom de Bibafis, va fe rendre dans l'Indus. Ce n'eft pas tant la diverfité de quelques noms qui déplaît dans cette expofition, que le défaut dans la manière de faire courir ces rivières les unes par rapport aux autres. On pourroit demander pourquoi, dans la carte de l'expédition d'Alexandre compofée par M. Delifle, le fleuve Hyphafis, au lieu de fe rendre dans l'Acéfines, eft conduit jufqu'à la Patalène, par un cours parallèle à l'Indus. Y auroit-il quelque autorité qui argue de faux en ce point les hiftoriens d'Alexandre? Et quand, par quelque notion bien précife, on feroit informé que ce fleuve tient actuellement cette route, ayant abandonné la première, n'étoit-il pas à propos de préférer celle-ci, dans une carte qui a pour objet de figurer les lieux convenablement aux circonftances de la marche de ce conquérant?

Il ne s'agit maintenant pour nous que de reprendre le

cours de l'Indus, pour le fuivre jufqu'à la mer. A trois journées au deffous de la pofition que j'ai donnée d'Outshé, l'Indus paffe près de Bavla, ville fituée, dit le géographe Turc, entre l'Indus & Multan, donc à la gauche du fleuve. A une journée plus bas, Metilé, château, fur le rivage occidental ou de la droite. Vient enfuite Bukor, ou comme il eft écrit dans la géographie Turque, Peker, ville fituée fur une colline, entre deux bras de l'Indus, qui en font une île. Cette ville a été la réfidence des Rois du Sindi, felon la Géographie que je viens de citer. Elle ajoûte, que Louhri eft une autre ville, fituée vis-à-vis de cette île du côté méridional, & que Seker, autrement Sukor, eft en même pofition du côté feptentrional. Latitude de Peker, vingt-huit degrés, auxquels la conftruction de ma carte n'a fait qu'ajoûter une fraction de degré. Tout ce détail me paroît précieux pour la Géographie, bien loin que je croie devoir paffer par deffus. Il fournit ce qui n'exifte point ailleurs, comme on s'en convaincra par l'examen des autres cartes.

Tekor eft une ville à quatre parafanges, & Sihvan a cinq journées au deffous de Peker. Azour eft prefque comparable à Multan pour la grandeur, felon Ebn-Haukal dans Abulfeda; & felon Azizi, cette ville eft fituée fur le fleuve Mehran, à trente parafanges de Manfora, ce qui doit s'entendre en remontant ce fleuve. Par le nom de *Mehran* les auteurs Arabes entendent le Sind ou l'Indus. Al-Manfora, ou la Victorieufe, eft une ville célèbre fur le rivage droit du Sind ou Mehran. Elle prit ce nom fous le Khalifat de Giafar al-Manfor, le fecond de la race d'Abbas, ayant été conquife alors fur un prince Indien qui y régnoit, par Omar-ebn Hafas, furnommé Hezarmerd el-Mehlebi. Le nom primitif de cette ville, que l'auteur du Kanon, ou Al-Biruni, cité par Abulfeda, nous a confervé, étoit *Minhauaré*, dans lequel il eft aifé de reconnoître celui de *Minnagara*, dont l'auteur du Périple de la mer Erythrée parle comme de la métropole de toute cette contrée. Ptolémée fait auffi mention de cette ville, mais en la déplaçant, & la portant au-delà d'un fleuve qu'il appelle *Namadus,* dont l'embouchûre dans la mer eſt plus orientale que les bouches de l'Indus. Il l'auroit placée plus convenablement dans le lieu qu'il appelle *Barbari,* d'autant mieux que ce lieu même eſt mal-à-propos tranſ-porté dans les terres, puiſque l'auteur du Périple indique précifément le port de ce nom, ſur la principale des em-bouchûres de l'Indus. M. Deliſle, dans ſon théatre hiſtorique, a jugé, d'après l'auteur du Périple, comme il eſt vrai-ſem-blable, que Minnagara devoit être placée ſur l'Indus: mais, il l'a trop remontée dans le haut de ce fleuve, pour qu'une telle poſition puiſſe convenir à celle de Manſora.

La latitude de cette ville paſſe vingt-ſix degrés, mais, autant que je le préſume, non pas de quarante minutes, comme dans les tables de Naſir-uddin & d'Ulug-beg. A quarante milles au deſſus de Manſora, ſelon E'driſi, & près d'une ville appelée Caleri, le Sind détache ſur la droite de ſon cours une branche de rivière, qui du nord circulant juſqu'au ſud par l'oueſt, va paſſer à la ville de Saſuſan, éloignée de Caleri de trois journées, d'où cette branche retourne au canal principal, & le rejoint à douze milles au deſſous de Manſora, ce qui renferme cette ville dans une île de plus de cinquante milles de longueur. Pline parle d'une grande île formée par l'Indus, ſous le nom d'*inſula Praſiane,* l'île verte; & nous n'en connoiſſons point d'autre qui lui convienne, que celle dont E'driſi donne la deſcription. Il n'y a qu'une difficulté dans cette application; c'eſt que Pline ſuppoſe que la Praſiane eſt plus grande que la Patalène, dont il nous reſte à parler, & qui, par l'étendue, paroît l'emporter ſur l'autre. Le pays riverain de l'Indus vers le couchant, depuis la hauteur de Multan juſque vers la mer, eſt habité, ſelon Abulfeda qui le tire d'Ebn-Haukal, par un peuple nommé el-Mend.

De Manſora à la ville nommée Birun, la diſtance eſt indiquée de quinze paraſanges dans Abulfeda, d'après le Mehlebi; & entre pluſieurs indications, celle-ci paroît la plus précife. Ces paraſanges ne s'eſtiment pas même ſur le pied des plus fortes, puifque, felon Edrifi, quelques-uns n'y comptent qu'une journée de chemin. La latitude de cette ville eft indiquée à vingt-~~six~~ ^{quatre} degrés quarante minutes, & nous devons en croire, ce femble, le géographe Abu-Rihan, furnommé Al-Biruni du nom de cette ville, qui étoit fa patrie. Je n'ignore pas que d'Herbelot, dans fa bibliothèque orientale, veut qu'Abu-Rihan foit forti d'une ville de Kharafm, nommée pareillement Birun. Mais, outre que cette Birun de Kharafm eft inconnue à tous les géographes orientaux, il a fuffi pour qu'Abu-Rihan foit quelquefois furnommé Khaûarefmi, ou Kharafmien, qu'il fortît du pays de Kharafm, lorfqu'il paffa à la cour de Mahmud, fils de Sebek-takin, & de fon fils Maffud. Abulfeda dit formellement, que notre Abu-Rihan, dont l'autorité eft grave fur la fixation de la ville de Birun dont il s'agit, y avoit pris naiffance.

J'ai eu une première opinion fur la fituation de Birun, favoir, qu'elle occupoit l'angle que forme le Sind, en fe partageant en deux bras principaux, pour embraffer la Patalène. Mais, je penfe que c'eft la ville nommée *Tatta-nagar*, aujourd'hui la principale de cette partie maritime de l'Inde, qui occupe cet emplacement ; & que fi la ville de Birun en eft actuellement diftincte, elle fe range de l'autre côté du bras oriental du Sind. Car, c'eft ainfi qu'on peut entendre Ebn-Saïd dans Abulfeda, qui dit que les habitans du diftrict de Mou ou Elzat, entre les marais formés par divers écoulemens du fleuve, ont la ville de Birun vers le levant. Avant que d'arriver à Tatta-nagar le fleuve paffe à Rahemi à la diftance d'une journée, felon le géographe Turc. Tatta eft non feulement une ville, mais encore une province de l'Inde, felon les voyageurs modernes. La ville ainfi nommée a pris la place de l'ancienne *Patala* ou *Pattala*, qui donnoit autrefois le nom au terrein renfermé entre les bouches de l'Indus. Ptolémée marque fept bouches, chacune avec fon nom particulier ; & l'auteur du Périple de la mer Erythrée en compte autant, mais qu'il dit être foibles & marécageufes, à une feule près. On diftingue deux bras principaux, par chacun defquels Alexandre defcendit également à la mer. Celui de la droite, après avoir paffé à Fairuz, diftant de Manfora de trois journées, felon E'drifi, fe rend à Debil ou Divl, auquel nom on ajoûte quelquefois celui de Sindi. C'eft le lieu plus convenable au *Barbaricum Emporium* de l'auteur du Périple. La ville eft fituée fur une langue de terre en forme de péninfule, d'où je penfe que lui vient fon nom actuel de Diul ou Divl, formé du mot Indien *Div*, qui fignifie une île. D'Herbelot, dans fa bibliothèque orientale, difant que cette ville eft aujourd'hui poffédée par les Portugais, & qu'elle a été affiégée par l'armée de Soliman II, la confond avec Diu, dont la fituation eft à l'entrée du golfe de Cambaye, qui n'eft pas le même que celui du Sindi. Jarric, l'hiftorien des Indes, étoit tombé dans la même méprife avant d'Herbelot. Il n'y a de commun entre Debil ou Diul, & Diu, que la dénomination, à raifon d'une conformité de fituation, & on n'ignore pas que Diu eft un lieu ifolé. Quoique la pofition de Debil foit bien connue pour être à l'entrée de l'Indus, & même un peu engagée dans cette entrée, la carte de Perfe de M. Delifle l'en écarte vers l'oueft d'un degré & demi en longitude, ce qui, à la hauteur d'un peu plus de vingt-cinq degrés, où le lieu dont il s'agit fe rencontre dans cette carte, revient à vingt-fept lieues marines. Les Portugais ayant fréquenté ce parage, dont leur établiffement de Diu les met à portée, je me contenterai de citer leur cofmographe Pimentel, qui dans fon traité de la navigation faifant mention de Diul, ajoûte, *na foz occidental do Rio Indo*. La latitude qu'il marque de vingt-quatre degrés un quart, differe peu de celle que je lui donne dans ma carte.

Le bras gauche du Sind fe rend à Laheri, où il s'épanche en un lac; & ce port, qui eft celui de Tatta-nagar, communément eft nommé Laûré-bender. Sa pofition n'eft pas moins déplacée que celle de Diul, dans la carte de Perfe que j'ai citée. Car, on l'y voit tranfportée à la droite de

l'Indus.

l'Indus, en même hauteur que l'endroit où il se divise pour former la Patalène. Les embouchûres de chacun des deux bras sont distantes entre elles de trois journées, selon Edrisi. Néarque, amiral de la flotte d'Alexandre, y comptoit, au rapport d'Arrien & de Strabon, mille huit cens stades, qui feroient l'équivalent de deux cens vingt-cinq milles, s'il étoit question dans le compte de Néarque des stades ordinaires & plus connus, dont huit suffisent pour équivaloir au mille, selon la mesure Romaine du mille. Pline s'y est laissé tromper, comme il lui est ordinaire, dans ce qui regarde ces contrées de l'orient, de donner ainsi en milles, des distances qu'il avoit trouvé marquées en stades ; sans faire attention à ce que ces stades pouvoient être fort inférieurs en mesure à ceux dont le nombre de huit suffisoit pour un mille. Les distances marquées de cette manière par Pline, demandent des espaces, qui paroissent exagérés quand on les compare au local ; & pour sortir d'embarras, on n'imagine d'autre expédient que de rejeter les nombres, en les accusant d'être fautifs. Il ne faut pas s'étonner si quelques Anciens, qu'une telle combinaison de mesures jetoit dans l'erreur, ont cru la Patalène plus grande que le Delta d'Egypte, quoiqu'elle soit plus petite. Les mille huit cens stades de Néarque se compareroient donc à environ soixante lieues de vingt au degré, puisque six cens stades de l'espèce plus commune rempliffent à peu près la valeur d'un degré. Il s'enfuivroit que ce qu'Edrisi a donné pour une journée, s'étendroit à vingt lieues. Mais, il en faut bien rabattre, puisque la connoissance particulière d'un stade très-ancien, & dont les Macédoniens sous Alexandre ont fait usage, réduit ce stade au point, qu'il en faut mille cinquante, & peut-être davantage, pour égaler la mesure du degré : d'où il résulte, que la base de la Patalène, ou ce qu'il y a de distance d'une bouche de l'Indus à l'autre, ne s'estime que trente & quelques lieues de vingt au degré. Comme en quelques écrits qui ont paru, j'ai analysé la mesure de stade qui convient ici, je me crois dispensé d'une répétition sur ce sujet.

F

La province qui porte le nom de Sindi, s'étend vers le couchant & le long du rivage de la mer, affez loin des bouches du fleuve dont elle tire fa dénomination. Les Sanganes, dont Thévenot & Ovington font mention, occupent cette côte, & infeltent cette mer de leurs pirateries. Le nom de cette nation eft très-ancien : car, on ne fauroit le méconnoître dans celui de *Sangada*, qui étoit propre à la contrée qui fuit immédiatement l'embouchûre du Sind, felon le journal de Néarque, par qui la flotte d'Alexandre fut conduite jufque dans l'Euphrate, en rafant cette côte & celle du fein Perfique. Le pays que tiennent les *Arabitæ*, & leurs voifins les *Oritæ*, réputés Indiens les uns & les autres, & dont le nom fubfifte encore dans ceux d'Araba & de Haûr, font adjugés au Sindi, jufqu'à la frontière de Mekran, qui eft l'ancienne Gédrofie. On ignore le temps auquel les Scythes font venus occuper le Sindi. Dans le Périple de la mer Erythrée, attribué communément à Arrien, mais fans fondement, à en juger par la différence que l'on remarque entre cet ouvrage & ce que le journal de Néarque, que nous tenons de la main d'Arrien, donne de détail le long de la côte depuis l'Indus jufqu'à l'Euphrate : dans ce Périple dis-je, la ville de Minnagara, la même que Manfora, eſt qualifiée de capitale de la Scythie, μετϵϑπολις τῆς Σκυϑία Μινναγάρ. Denys Périégète dit, que les Scythes méridionaux νότιοι Σκύϑαι, habitent fur le fleuve Indus. Euftathe le nomme Indo-Scythes ; & ce que Ptolémée appelle Indo-Scythie remonte le long de l'Indus jufqu'au fleuve Coaſ Cofmas, furnommé *Indo-pleuſtes*, ou le voyageur de l'Inde qui écrivoit fous l'un des deux empereurs Grecs du nom d Juftin, au fixième fiècle de l'Ere Chrétienne, dit dans l fragment qui nous eft refté de fa topographie, que le nor de l'Inde eft occupé par les Huns blancs, λευκοὶ O'υννοι : & parlant auffi d'un pays appelé O'υννία, duquel les Hur tiroient vrai-femblablement leur origine, il le défigne comm limitrophe de celui de Tfin ou de la Chine, en tirant ver l'Inde, par conféquent dans l'ancienne Scythie. Timur trouv

des reftes de Getes fubfiftans dans l'Inde. Et comme, par
fon hiftoire, le pays auquel le nom de *Geté* convient particulièrement, eft la partie de Tartarie qui s'étend à l'orient
& au-delà de la Bukarie, jufqu'aux frontières de la Chine,
ces Getes de l'Inde ne font ainfi appelés Getes dans cette
hiftoire, que parce qu'ils tiroient leur origine de la Scythie.
C'eft par cette recherche, qui n'eft pas étrangère à la Géographie, que je terminerai la defcription de la partie de
l'Inde que traverfe l'Indus, & les rivières qu'il reçoit.

SECTION II.

De la partie de l'Inde traverſée par le Gange.

IL étoit réſervé à notre ſiècle de connoître l'origine du Gange. Selon Pline, l'Antiquité en étoit auſſi peu informée que de l'origine du Nil; ou bien, comme il ajoûte d'une manière vague & auſſi peu ſatisfaiſante, les montagnes de la Scythie renfermoient les ſources de ce fleuve. On n'étoit guère mieux inſtruit dans un temps poſtérieur, & voiſin du nôtre, lorſqu'on prenoit pour la ſource du Gange un lieu ſerré entre les montagnes qui ſéparent l'Inde d'avec le Tibet, par lequel ce fleuve débouche pour entrer dans l'Inde. Selon la deſcription des provinces de l'Inde, publiée par Terri, les Indiens ſont dans l'opinion, que les eaux du Gange ſortent dans la province de Siba, la première de l'Indoſtan que ce fleuve traverſe, d'un rocher figuré comme la tête d'une vache, que l'on ſait être un animal ſacré parmi eux. L'hiſtorien Perſan de Timur, conduiſant ce conquérant juſqu'à l'entrée du détroit de Kupelé, qui eſt celui dont j'ai parlé, dit qu'à quinze milles au deſſus de ce détroit, il y a une pierre taillée en forme de vache, & de laquelle ſort la ſource du Gange; ajoûtant, vû la grande vénération des Indiens pour ce fleuve, qu'ils adorent cette pierre, & que dans tous les pays circonvoiſins juſqu'à un très-grand éloignement, ils ſe tournent pour prier vers ce détroit & cette pierre.

Mais, cette prétendue ſource du Gange, n'eſt que ſon iſſue des montagnes, qui dérobent en quelque manière aux Indiens la connoiſſance du Tibet, auquel les géographes Orientaux, pour déſigner la contiguité de ſituation, donnent quelquefois la dénomination de Turk-hend, en alliant celle qui eſt propre à la nation Turque ou Tartare, avec le nom propre de l'Inde. La curioſité de Can-hi, empereur de la

Chine, nous a procuré la connoiffance de la vraie fource du Gange. Ce prince a voulu joindre la carte du Tibet à celles qu'il avoit fait dreffer dans les diverfes parties de fon Empire, & qu'il devoit à l'habileté des miffionnaires Jéfuites. Des gens inftruits dans les Mathématiques, ayant par fes ordres pénétré jufqu'aux fources du Gange, le pays & la route qui les y avoient conduits ont été décrits. Par ce moyen nous avons appris, qu'au pied des monts Kentaiffé, le Gange, formé de plufieurs fources, traverfe fucceffivement deux grands lacs, & prend fon cours vers le couchant, où la rencontre d'une chaîne de montagnes le fait tourner vers le Sud, & fe replier même entre le levant & le Sud, jufqu'à ce que, dirigé déterminément vers ce dernier côté, il entre dans l'Inde, ce qu'il ne peut faire qu'en s'ouvrant un paffage entre les montagnes, de la même manière que l'Euphrate, fortant de l'Arménie, perce le Mont Taurus, pour entrer dans la Syrie. Cette découverte a rendu au cours du Gange environ deux cens lieues, vû les replis de fa route, au-delà de ce qui étoit connu.

L'entrée du Gange dans l'Inde eft liée immédiatement dans la carte avec la pofition de Dehli. La marche de Timur, depuis cette ville royale de l'Inde jufqu'au Gange qu'il traverfa, & précifément jufqu'au détroit de Kupelé, donne lieu de juger à peu près de l'intervalle de ces lieux. Cette marche eft décrite fort en détail, par Bagbut, Afar, Mirte, Piruznur, fitué fur le Gange, & Toglocpur, qui eft plus haut, & peu en-deçà du détroit ci-deffus nommé. Les diftances d'un lieu à l'autre ont été marquées par l'hiftorien; & leur évaluation n'admettant qu'un efpace d'environ trente lieues de vingt au degré dans tout l'intervalle, cet efpace n'eft pas affez confidérable, pour que le défaut de précifion puiffe produire une erreur de grande conféquence. Ainfi, de la pofition de Dehli on conclurra un point auffi important que celui dont il eft queftion, je veux dire l'entrée du Gange dans l'Inde, fans y foupçonner de vice qui foit notable & fort étrange.

F iij

Dehli eſt une poſition déterminée en longitude comme en latitude, par un très-habile Aſtronome, le P. Boudier, Jéſuite. Cette poſition, & un grand nombre d'autres points, qui ſervent d'appui à la Géographie dans cette partie de l'Inde dont je traite actuellement, ſont dûs au voyage que le P. Boudier fit en 1734, pour ſe rendre auprès d'un puiſſant Raja Indien, nommé Jaſſing-Savaé, qui aimant beaucoup l'Aſtronomie, faiſoit obſerver jour & nuit des Brahmènes aſtronomes, dans deux obſervatoires magnifiquement conſtruits par lui; l'un dans la ville capitale de ſon E'tat, nommée Jaépur, l'autre dans un fauxbourg de Dehli qui lui appartenoit, & nommé par cette raiſon Jaſſing-pura. Je ſuis redevable à M. Deſpréménil de m'avoir communiqué obligeamment le mémoire manuſcrit du P. Boudier ſur ſon voyage, que ce Père, avec lequel il a été en liaiſon d'amitié à Shandernagor, établiſſement de la compagnie Françoiſe dans le Bengale, lui envoya il y a quelques années. La longitude de Dehli ſe conclud d'environ ſoixante-quinze degrés plus orientale que Paris, ſans inſiſter ſur quelque fraction de degré de plus ou de moins. Latitude au palais de l'empereur Mogol, vingt-huit degrés quarante-une minutes: à l'obſervatoire du Raja, dans le fauxbourg dont il a été parlé, trois minutes quarante ſecondes de moins.

On ſait que Dehli a reçû le nom de *Gehan-abad,* depuis que Shah-gehan eut préféré le ſéjour de cette ville à celui d'Agra, où ſon ayeul Ekbar avoit choiſi ſa réſidence. Mais, Dehli avoit été un ſiége royal bien antérieurement, à remonter même, ſelon les Indiens, juſqu'à leurs rois Patanes. Shehab-uddin, de la dynaſtie des Gaurides, qui prit la place de celle des Gaznévides, fit la conquête de Dehli l'an de l'Hégire 571. A la chûte des Gaurides, vers l'an 609 de l'Hégire, de l'E're chrétienne 1212, les gouverneurs que ces princes avoient établis en diverſes provinces de leur E'tat, ſe rendirent indépendans; & Cothub-uddin-Ibek, qui étoit Turc de nation, occupa Dehli. Mais, Iletmish, ſurnommé Shems-uddin, qui avoit été du nombre des eſclaves

de Cothub-uddin, envahit le trône fur fon fils Aram-shah;
& s'agrandit même par la conquête de Multan, en dépof-
fédant Nafir-uddin-Cobah, qui l'avoit ufurpé lors du démembrement de l'état des Gaurides. Ce fut fur un des defcendans
de Shems-uddin, nommé fultan Mahmud, que Timur prit
Dehli l'an de l'Hégire 801, ou 1399 de notre Ere. Et
vers le milieu du feizième fiècle, cette ville fut enlevée à
un prince nommé Selim, par Humayon, père d'Ekbar, &
fondateur de la puiffance des Mogols dans l'Inde. La maifon
des Mogols, comme chacun fait, eft iffue de Timur; &
Humayon étoit le fixième de fes defcendans.

Dehli n'occupe pas précifément fon premier emplacement, qui étoit un peu plus haut à la gauche du cours du
Gemné. Lorfque Timur fe rendit maître de Dehli, trois
villes contigues & réunies compofoient cette capitale. La
première en tirant vers nord-eft à l'égard des autres, avoit
nom *Seïri*. Le vieux Dehli, fitué au côté contraire, ou
fud-oueft, en étoit féparé par une ville intermédiaire,
appelée *Gehan-penah*. Bernier dit avoir fait aifément en trois
heures de temps le tour de l'enceinte de Dehli, y compris
la fortereffe qui renferme le palais du Mogol, laiffant toutefois au dehors plufieurs fauxbourgs détachés, & qui s'étendent en longueur. Cette ville a été fort maltraitée en dernier
lieu par le Perfan Shah-nadir, dans la guerre qu'il a faite à
Mahmud, père du Mogol régnant.

Les cartes qui ont précédé celles que j'ai compofées de
l'Afie, ou de l'Inde en particulier, ne marquoient aucune
rivière entre l'Hyphafis ou Hypafis, dernier des fleuves qui
fe rendent dans l'Indus, & le Gemné, qui eft le *Jomanes*
de l'Antiquité. Mais, la marche de Timur a indiqué dans
cet intervalle deux rivières, celle de Kehker, & celle de
Panipat. Dans un ancien itinéraire de l'Inde, que Pline nous
a confervé, on trouve entre l'Hypafis & le Jomanes une
rivière fous le nom d'*Hefidrus*, à égale diftance d'Hypafis
& de Jomanes, & qu'on a tout lieu de prendre pour
Kehker. Mais, je ne ferai point difficulté de m'expliquer

fur une circonftance du cours de cette rivière, qui eft, que n'ayant point d'inftruction précife fur la route qu'elle prend, j'ai cru ne pouvoir mieux agir par conjecture que de la conduire dans Jomanes; & fuppofé que cette conjecture ne foit pas heureufe, je ne vois d'autre parti à prendre que d'en faire la partie fupérieure de la rivière qui paffe près d'Azmer, & qui, fous le nom de Paddar, fe rend dans le fond du golfe du Sindi par plufieurs embouchûres. Au refte, ce que j'ai fait n'eft pas fans quelque appui : en confultant l'ancienne carte de l'Inde, inférée dans Blaeu, on verra la jonction d'une rivière avec le Gemné, immédiatement au deffous de Dehli.

Entre le Gemné & le Gange, la marche de Timur indique une rivière nommée Calini, laquelle, par un canal nommé Hilen, paffant près de la ville de Luni, communique avec le Gemné. La découverte de cette rivière ne m'a point paru indifférente, en ce que dans l'itinéraire de Pline, mentionné ci-deffus, on trouve *Calinipaxa*, comme un lieu intermédiaire de la manfion *ad Gangem*, à celle du confluent *Jomanis amnis & Gangis*. Au refte, un défaut prefque total de connoiffance fur le détail du cours du Gange, depuis fon entrée dans l'Inde jufqu'à l'arrivée du Jomanes, nous laiffe dans l'incertitude fur l'endroit où la rivière de Calini fe rend dans le Gange. Les anciennes cartes y font entrer une rivière à Sambal, & les cartes dreffées fur Ptolémée marquent une ville de *Sambalaca*, à la rive citérieure du Gange. La province fe nomme *Do-ab*, pour être fituée entre deux eaux ou rivières, de la même manière que Penj-ab eft la province des cinq rivières. Bekar eft une grande province, qui s'étend au-delà du Gange comme en-deçà, & dont la capitale eft appelée Bekaner. Les cartes de l'Inde que j'ai citées, marquent dans la partie ultérieure du Gange deux rivières, Kanda & Perfilis, celle-ci en approchant d'Helabas. Dans Ptolémée on trouve une ville de *Paffala*, & la nation *Paffalæ* au-delà du Gange. Cette nation eft auffi mentionnée dans Pline. Arrien *(in Indicis)* dit qu'un fleuve nommé

Oxymagis

Oxymagis tombe dans le Gange ἐπὶ Πασσάλαις. On ne peut
s'empêcher de remarquer une grande analogie entre le nom
de Perfilis ou Perfilis, & celui que les mémoires de l'Antiquité nous tranfmettent.

Nous avons plufieurs rivières affluentes dans Gemné,
favoir, à la droite de fon cours, Jago-nadi, Samel-nadi,
Kari-nadi, celle de Narvar, & entre ces deux dernières,
Lanké, qui paroît tomber dans Narvar. *Nadi* eft un terme
appellatif de rivière. On ne connoît, au refte, les rivières
que je viens de nommer, que parce qu'elles traverfent la
route d'Agra vers Surate & la mer, par Brampur. A la gauche
on trouve Sengur, indiquée par Tavernier auprès de Sanqual;
& Rind, que le mémoire du P. Boudier fait paffer auprès
de Corregian-abad.

En traitant de la mefure itinéraire de l'Inde, j'ai parlé de
l'obliquité de pofition du point d'Agra à l'égard de Dehli,
nonobftant que dans les plus modernes des cartes, ces deux
villes foient rangées au même méridien. La longitude d'un
lieu nommé *Fatepur*, en tirant vers le Gange, & fur la
route de Bengale, & qui, par celle qu'a faite le P. Boudier,
s'eftime de deux degrés vingt minutes plus que moins à
l'orient d'Agra, fait préfumer quelle peut être la longitude
de cette capitale. Par obfervation à Fatepur d'une immerfion
du premier Satellite, comparée à l'obfervation faite à Pe-kin
quelques jours après par le P. Gaubil, la différence des méridiens entre Fatepur & Pe-kin fe conclud de 2 heures 23
minutes & demie, ce qui donne 35 degrés 50 & quelques
minutes. Entre Paris & Pe-kin, felon le plus fcrupuleux
réfultat d'un grand nombre d'obfervations, que je tiens du
P. Regis, miffionnaire à Pe-kin, la différence de longitude
eft de 114 degrés environ 10 minutes. En défalquant 35
degrés 50 & quelques minutes, donc longitude de Fatepur
78 degrés & quelques minutes. Agra s'eftimant de 2 degrés
environ 20 minutes plus oueft que Fatepur, donc longitude
d'Agra 75 degrés & environ trois quarts. Et la longitude
de Paris, à l'égard du premier méridien, fe fixant au

G

vingtième degré, donc longitude d'Agra, en comptant du
premier méridien, 96 degrés moins environ un quart, ainſi
que la carte de l'Inde s'y trouve aſſujétie. Dans la Connoiſſance des temps, l'indication de la longitude d'Agra à l'égard
de Paris eſt de 74 degrés & deux cinquièmes. Mais, la
diverſité d'un degré 20 minutes en longitude, doit moins
ſurprendre, que celle de 27 minutes en latitude. Le P. Boudier détermine la hauteur d'Agra à 27 degrés 10 minutes, au
lieu de 26 degrés 43 minutes que marque la Connoiſſance
des temps.

Il n'eſt point parlé d'Agra avant le temps qu'Ekbar en
fit le ſiége de ſon Empire, lui donnant le nom d'*Ekbar-abad,*
ce qui arriva vers l'an 1566. Mais, ce que Thévenot rapporte, que ce n'étoit alors qu'une bourgade accompagnée
d'un petit château, ne décide pas que ce lieu ne pût être
ancien. Car, concluant que Lahaûr n'eſt pas une ville ancienne, ſur ce qu'il dit pareillement que lorſqu'Humayon,
père d'Ekbar, s'en rendit maître, ce n'étoit autre choſe
qu'un bon bourg; il n'étoit point informé qu'Edriſi, qui
écrivoit ſa Géographie avant le milieu du douzième ſiècle,
fait mention de Lahaûr, d'où il faut conclurre que cette
ville n'étoit point obſcure avant ce temps-là. Et Abulfeda,
qui a devancé le temps d'Humayon de deux ſiècles au
moins, parle de Lahaûr comme d'une ville aſſez grande &
bien pourvûe. Or, Ptolémée marquant vers le milieu des
terres de l'Inde une ville nommée *Agara,* il y a tant de
reſſemblance dans la dénomination, qu'on peut donner à
Agra l'illuſtration d'avoir exiſté dans l'Antiquité.

Il ne faut pas douter que la ville d'Agra, & celle de Dehli,
ne ſoient chacune en particulier capitale d'une province.
Mais, ce qui compoſe ces provinces, & la circonſcription
de leurs limites, ſont des circonſtances dont on eſt trop peu
informé, pour que je me ſois permis de les figurer ſur la
carte. On n'a point héſité de le faire avant moi, & d'inſcrire
ces noms, Agra & Dehli, autant comme noms de pays que
comme propres à des villes. Il s'enſuivoit, ce ſemble, qu'on

pouvoit les croire de même efpèce que ceux de Guzerat, Bengale, Penj-ab, &c. Et de cette manière, un Indien prendroit la même idée du nom de Paris, appliqué à fa Généralité, que du nom de Normandie ou de Champagne.

Les diverfes routes qui partent d'Agra, fervent à déterminer la pofition des lieux qui fe rencontrent fur ces routes. Le lieu plus remarquable entre Agra & Dehli eft Matura, ville avec un château très-élevé par fa fituation. Mais, ce qui la diftingue davantage, eft un temple Indien des plus célèbres. Je reconnois même qué ce lieu exifte dans Pline, lorfqu'il fait mention de *Methora,* en parlant du *Jomanes,* fur le bord duquel la ville de Matura eft affife. Au couchant d'Agra, on remarquera Jaépur, qui eft une ville nouvelle, conftruite par le Raja-Jaffing, à un peu plus d'une lieue de diftance d'Amber, ancienne capitale de fa principauté. Le P. Boudier dans fon mémoire, compare cette ville de Jaépur, pour la grandeur, à celle d'Orléans; & dit que les rues y font percées régulièrement, & tirées au cordeau. Sa latitude, à l'obfervatoire renfermé dans le palais du Raja, eft 26 degrés 56 minutes. La longitude nous eft même donnée. Car, fur l'obfervation de l'éclipfe lunaire du mois de décembre 1732, faite à Jaépur par les Brahmènes du Raja, & comparée à l'obfervation faite à Paris par M. Caffini, le P. Boudier conclud la différence des méridiens de 4 heures 55 minutes 34 fecondes, qui font 74 degrés moins 6 à 7 minutes. Et une émerfion du premier Satellite, obfervée à Jaépur par le P. Boudier, lui fait conclurre 4 heures 55 minutes, ou 74 degrés moins 15 minutes; ce qui, en fait de longitude, n'eft pas cenfé différer du premier réfultat. Cette détermination au refte devient d'autant plus importante, qu'elle concourt avec celle de Fatepur à montrer l'erreur de l'indication d'Agra dans la Connoiffance des temps. Car, vû qu'entre Jaépur & Agra, il faut ajoûter deux degrés, & même quelque chofe de plus, felon l'eftime qu'en a faite le P. Boudier, comment la longitude d'Agra ne pafferoit-elle 74 degrés que de 24 minutes?

G ij

Sur la route qui conduit d'Agra à Azmer, on remarque
entre autres villes, Fetipur & Ladona. La première se
nommoit autrefois Sicari, & elle doit le nom de Fetiqur
au Mogol Ekbar, qui y tenoit sa cour avant que de l'établir à Agra. Azmer est capitale d'une province particulière,
& les empereurs Mogols en ont quelquefois fait leur séjour.
On trouve dans Ptolémée une ville de l'Inde sous le nom
de *Gagasmira,* dans lequel celui d'Azmer paroît renfermé.
Au couchant est Jeselmer, & au midi en tendant vers
Amedabad & le Guzerat, les lieux plus considérables qui
soient connus sont, Mirda, Shalaûr, Bargant. Ces lieux
sont possédés par des Rajas particuliers. Shalaûr est une
ancienne place, située sur une montagne. En se rapprochant
d'Agra il faut citer Scanderbad, qu'Ekbar enleva à un Raja,
& de la part duquel cette ville souffrit beaucoup; mais qui
a été des plus grandes de l'Inde, sous des rois Patanes, dont
elle étoit la résidence. J'ai quelque penchant à croire, qu'une
contrée que les cartes dressées sur Ptolémée marquent en
cette partie de l'Inde, ou en position intermédiaire de l'Indus
& du Gange, sous le nom de *Sandrabatis,* pourroit se rapporter à Scanderbad.

En allant de Surate à Agra par Brampur, on passe par
Gûaleor, Narvar, Seronge, pour ne parler que des lieux
principaux. La ville de Gûaleor est adossée à une montagne,
ceinte d'une muraille flanquée de tours, & qui renferme
des étangs, & assez de terre labourable pour entretenir une
garnison, ce qui donne à cette place un grand avantage, que
plusieurs autres places de l'Inde ont pareillement. Narvar est
à peu près semblable, & une rivière qui y passe enveloppe
la ville & la montagne en grande partie. On n'arrive à cette
ville en venant du midi, à la distance de quatre coss, qu'en
passant un défilé de montagnes, appelé *Gate,* fermé autrefois
par des portes, & gardé par des châteaux. La chaîne de
montagne marquée par Ptolémée sous le nom de *Vindius,*
paroît répondre à celle qui traverse la route dont il s'agit.
Selon la description de Terri, Narvar est une province

particulière, dont la ville principale fe nomme Ghehud ou Gehud, & que la carte très-informe qui accompagne cette defcription, place fur une rivière affluente dans le Gange, & nommée Shind. Séronge eft une grande ville, baignée d'une rivière, & où l'on peut prendre deux différentes routes pour fe rendre à Brampur, l'une par Andi, l'autre par Ugen & Mandoû.

Refte à parler de la route d'Agra vers le pays de Bengale. Le mémoire dreffé par le P. Boudier fur fon voyage, fournit le détail des lieux fur cette voie, avec la diftance eftimée, dans laquelle chacun de ces lieux fe rencontre à l'égard du cours du Gemné & du Gange, dans l'intervalle d'Agra à Helabas. En cet efpace Etaya & Corregian-abad font des villes. On connoît celle d'Helabas pour une des plus confidérables de l'Inde, à la rive droite du Gange, & à la gauche du Gemné, occupant l'angle formé par la jonction de ces fleuves. Le P. Boudier en détermine la hauteur par obfervation à 25 degrés 26 minutes. Il n'y a point de ville dont la fituation paroiffe auffi favorable pour occuper le centre de l'Indoftan, & le paganifme Indien s'y diftingue par une très-grande ferveur.

Mais, ce qui intéreffe davantage dans la pofition d'Helabas, c'eft d'y retrouver celle de l'ancienne *Palibothra.* Aucune ville de l'Inde ne paroît égaler *Palibothra* ou *Palimbothra,* dans l'Antiquité. Elle étoit capitale de la nation des Prafiens, la plus illuftre qui fût dans l'Inde. Et les Rois qui réfidoient en cette ville, furpaffoient en puiffance tous leurs voifins. Il faut entendre Pline fur ce fujet : *omnium in Indiâ propè, non modò in hoc tractu, potentiam claritatemque antecedunt Prafii, ampliffimâ urbe ditiffimâque Palibothra ; undè quidam ipfam gentem Palibothros vocant, immò verò tractum univerfum à Gange.* Strabon & Arrien s'accordent à dire, que cette ville occupoit 80 ftades en longueur, & que fa largeur, égale par-tout, étoit de 15 ftades. C'eft fatisfaire une curiofité géographique bien placée, que de retrouver l'emplacement d'une ville de cette confidération : mais, j'ai lieu de croire qu'il faut employer quelque critique, dans l'examen des cir-conſtances que l'antiquité fournit ſur ce point.

Cette ville étoit aſſiſe ſur le bord du Gange, & en-deçà du fleuve à notre égard, puiſque Ptolémée la comprend dans l'Inde ἡ ἐντὸς Γάγγȣ, *intra Gangem.* C'étoit au con-fluent d'un autre fleuve avec le Gange qu'elle avoit ſon emplacement; & cet autre fleuve, que Strabon ne nomme point, eſt nommé *Erannoboas* dans Arrien. Selon ce dernier auteur, le fleuve qu'il nomme ainſi, eſt par ſa grandeur le troiſième des fleuves de l'Inde, ne cédant à cet égard qu'au Gange même & à l'Indus. Or, cette circonſtance paroît con-venir au Gemné ou *Jomanes,* préférablement à toute autre des rivières qui tombent dans le Gange. Le P. Boudier remarque préciſément dans le mémoire de ſon voyage, que quoique le Gemné perde ſon nom dans le Gange à Helabas, il y paroît égal au Gange même.

Il y a d'autant plus de probabilité à reconnoître l'E'ran-noboas dans le Jomanes, qu'Arrien *(in Indicis)* faiſant énu-mération d'un grand nombre de rivières qui portent au Gange le tribut de leurs eaux; le Jomanes, plus conſidérable, & même plus à portée d'être connu qu'aucune de ces rivières, n'eſt point nommé. Pline à la vérité, faiſant mention du Jomanes, nomme auſſi E'rannoboas en un autre endroit. Et par deſſus cela, le détail itinéraire qu'il donne de l'Inde au-delà de ce que l'expédition d'Alexandre avoit fait con-noître, & dont il rapporte la connoiſſance au temps de Seleucus Nicator, marque la poſition de Palibothra comme ultérieure à l'égard de la jonction du Jomanes avec le Gange. Mais, je trouve que Pline lui-même fournit de quoi répondre à ces objections, lorſqu'il dit formellement, que le Jomanes ſe rend dans le Gange, *per Palibothros :* & ce qu'il ajoûte, *inter oppida Methora & Cliſobora,* ſe reconnoît encore actuel-lement dans l'un de ces lieux, qui eſt Matura, ſitué d'un côté du Gemné, & célèbre par une des Pagodes que les Indiens ont en plus grande vénération. Il n'y a rien de moins équivoque que cette manière de s'expliquer de la part de

Pline; au lieu que les variations qu'il rapporte lui-même dans les diſtances de l'itinéraire, autoriſent à penſer qu'on pouvoit s'être mépris dans la déſignation ou l'ordre des lieux, comme ſur ces diſtances.

Je ſuis donc perſuadé, qu'il ne faut point chercher d'autre emplacement à Palibothra que celui de la ville d'Helabas, ſituée avantageuſement au confluent du Gemné & du Gange. Elle conſerve des veſtiges d'antiquité, un obéliſque chargé d'inſcriptions, que le temps a preſque effacées; des lieux voûtés, que les gens du pays diſent avoir été habités par le premier père des hommes, & qui font de cette ville un ſanctuaire du paganiſme, & un pélerinage très-fréquenté. Selon la tradition du pays, Helabas portoit antérieurement un autre nom, celui de *Praie*, qui paroît fort analogue au nom de la nation, *Praſii*, dont Palibothra étoit la capitale.

Eratoſthène, au rapport d'Arrien, avoit écrit, que ſur la meſure priſe au cordeau, μεμετρημένον σχοίνοισι, d'une route royale, ὁδὸν Βασιλικὴν, qui traverſoit l'Inde d'occident en orient, la largeur de ce pays juſqu'à Palibothra étoit de 10000 ſtades. J'ai allégué ailleurs, & diſcuté même en d'autres écrits qui ont paru, la valeur du ſtade qui convient aux eſpaces meſurés du temps des princes Macédoniens dans l'Orient. Et l'évaluation de ce ſtade en fait entrer environ 1050 dans l'eſpace d'un degré. Or, voulant appliquer la meſure d'Eratoſthène ſelon cette évaluation, à ce que la conſtruction de la carte d'Aſie m'a fait mettre d'étendue depuis Multan ou Bukor, juſqu'à Helabas, ce qui donne bien la traverſée de l'Inde entre l'Indus & le Gange, & d'occident en orient; je trouve la valeur de neuf degrés environ deux tiers dans cette étendue, de laquelle il réſulte, à raiſon de 1050 ſtades par degré, 10150 ſtades. Comme il eſt vrai que la meſure d'Eratoſthène n'a point eu de part dans la conſtruction de ma carte, & que la ſomme de cette meſure a toute l'apparence d'un compte rond, qui ne doit pas être pris à la rigueur; la convenance d'ailleurs eſt aſſez marquée, pour que la détermination de Palibothra à Helabas en tire grand avantage; & fur-tout, pour que fon lieu ne puiſſe ſe tranſporter fort au-delà du confluent du Gemné, felon que l'itinéraire, tel qu'on le trouve dans Pline, ſemble le demander.

Le même Eratoſthène, apparemment fur le même principe de meſure, eſtimoit l'étendue de l'Inde, depuis les montagnes qui donnent naiſſance à l'Indus, juſqu'à ſes bouches dans l'océan, environ 13000 ſtades. Cet eſpace s'étendant du nord au ſud, & dans le ſens de la latitude, n'en eſt que moins équivoque ſur la carte. Elle y fait entrer environ 12 degrés, dont on conclura 12600 ſtades. Et il y a ſuffiſamment de convenance dans l'analyſe de ce ſecond eſpace, pour ſervir de confirmation à l'analyſe du premier, & vérifier l'un par l'autre. J'ajoûterai que le calcul auquel le premier eſpace a donné lieu, excédant pluſtôt la meſure d'Eratoſthène que d'être plus foible, cet eſpace qui court dans le ſens de la longitude ne ſauroit être jugé trop reſſerré, ce que j'eſtime être de grande conſéquence.

Cette application des meſures tirées de l'Antiquité au local actuel, fait voir qu'il ne faut point ſe laiſſer abuſer par le terme de ſtade, qui reçoit des modifications felon des cas ou des objets différens. Le ſtade, dont la meſure paroît ici tellement convenable, s'évalue 54 toiſes & demie ou environ. Or, il nous donnera l'idée la plus vrai-ſemblable de la grandeur de l'ancienne Palibothra. Les quatre-vingts ſtades qu'elle avoit en longueur font 4360 toiſes, les quinze de largeur 817. En calculant fur le pied du ſtade ordinaire ou olympique, qui s'évalue 94 toiſes & demie ou environ, on attribuera à la longueur 7560 toiſes, qui font au moins trois lieues Françoiſes, & à la largeur 1360 & quelques toiſes. Par cette évaluation, on feroit donc plus que tripler l'aire ou la meſure de ſurface de Palibothra. Et il en feroit de même de pluſieurs villes de l'Antiquité, dont la grandeur ne trouve point créance fur un faux principe de meſure.

Une autre ville voiſine d'Helabas, & ſituée peu au-deſſous, au confluent d'une autre rivière dans le Gange, a enlevé à

Palibothra

Palibothra la prérogative de capitale du plus puiſſant royaume
de l'Inde. C'eſt Kennauge. Les auteurs Arabes en ſont
mention comme de la capitale du royaume de Goraz, dès
le troiſième ſiécle du Mahométiſme, ou le neuviéme de
l'Ere Chrétienne. Abulfeda, qui écrivoit au commencement
du quatorziéme, dit que Kennauge eſt le Caire de l'Inde. Les
tables des Orientaux, en marquant la latitude de Kennauge
entre 26 & 27 degrés, lui donnent un degré de plus que
ce qui convient. La hauteur d'Helabas, obſervée par le
P. Boudier, décide de celle de Kennauge. L'erreur dans les
tables de Naſir-ud. in & d'Ulug-beg s'eſt communiquée à la
poſition de Benarez, que ces tables marquent à 26 degrés
un quart, bien que l'obſervation du P. Boudier en cette
ville ne donne que 25 degrés 21 minutes.

Je n'ai rien de remarquable à citer juſqu'à Benarez. La
route qui y conduit depuis Helabas, prend au nord du
Gange, qui court du couchant au levant. Benarez eſt une
des villes principales de l'Inde. Les maiſons y ſont élevées
de pluſieurs étages, ce qui peut être remarqué comme étant
rare dans les villes de ce pays-là. Mais, ce qui diſtingue
davantage Benarez, c'eſt que de temps immémorial la ſuper-
ſtition Indienne a conſacré cette ville, les Gentils ayant
opinion qu'il n'y a point d'endroit où il ſoit plus ſalutaire
de ſe laver des eaux du Gange, que ſous Benarez. Le P. Boudier remarque, que quoique le zèle ſincère ou affecté du
Mogol Avreng-zebe pour le Mahométiſme, eût diminué le
nombre des Brahmènes, qui compoſent une très-célèbre
univerſité à Benarez, cependant cette école du Paganiſme
& des ſciences de l'Inde y conſervoit ſon luſtre. Benarez
portoit autrefois un autre nom, qui eſt Cashi, lequel n'eſt
pas encore hors d'uſage dans le pays, comme je l'apprends
du P. Boudier. La latitude obſervée par ce Père a été
rapportée ci-deſſus; & la confiance que j'y prends n'eſt
point balancée par une indication à 24 degrés 50 minutes,
qui ſe trouve dans le voyage des P.P. Gruber & d'Orville,
publié par le P. Kirker.

H

Pour continuer la route on paſſe le Gange à Benarez, en laiſſant ce fleuve vers le nord; & avant que d'arriver à une ville de remarque nommée Saſſeran, on rencontre trois rivières, Caramnaſſa, Durgavoti, qui paroît déſignée dans Tavernier ſous le nom de Saodé-ſou, & Gudera-ſou. Le mot *ſu* ou *ſou,* ou *ſoui,* eſt un terme de la langue Turque ou Tartare, qui déſigne un courant d'eau, une rivière. La direction de la route en cette partie décline un peu vers le ſud, puiſque le lieu nommé Gotaeli au-delà de Saſſeran, eſt eſtimé par le P. Boudier d'environ un tiers de degré moins élevé que Benarez. Entre Saſſeran & Gotaeli on paſſe une groſſe rivière, nommée Sonn-ſu, qui ſe retrouve diſtinctement dans Arrien ſous le nom de Σώνος. Ce doit être la même que celle qui traverſe la route de Brampur à Agra, dans un lieu nommé Andi, puiſque la rivière d'Andi, ſelon le rapport de Tavernier, ſe rend dans le Gange entre Benarez & Patna. Le même Arrien, dans le nombre des rivières que reçoit le Gange, nomme *Andomatis,* où l'on ne peut diſconvenir que le nom *Andi* ne ſoit renfermé. Et cette rivière Andomatis, ſelon Arrien, tirant ſon origine de la contrée des Mandiadines, nation Indienne, dont le nom ſe reconnoît dans celui que porte la ville de Mandoû ou Mandoa; il n'eſt pas douteux, vû le rapport de ſituation que montre la carte entre Mandoû & Andi, qu'Andomatis & Sonus, quoique cités ſéparément par Arrien, ne ſoient la même rivière, à laquelle le nom d'Andomatis convient vers le haut de ſon cours, & celui de Sonus vers le bas. Le même cas eſt commun à tant de rivières, qu'on ne ſauroit le trouver étrange ici. J'ajoûterai une conjecture ſur l'addition faite au nom Andi dans la dénomination *Andomatis,* qui eſt, que le mot Indien *Nadi,* déſignant une rivière, & mis à la ſuite d'un nom propre & particulier, comme j'en ai fourni des exemples ci-devant, ſe reconnoîtra en liſant *Ando-nadis,* par une leçon jugée plus correcte que celle d'*Andomatis.*

A Saſſeran, en quittant la route de Bengale, & tournant

vers le midi, on se rend en trois journées à Ekbarpur &
à Rotas, qui est une place forte, possédée par un Raja, au
confluent d'une rivière, qui de Sumelpur & de Jounpur
vient se rendre dans Sonn-su. Sumelpur est un lieu remarquable par les diamans qui se tirent du fond de la rivière
voisine, à la différence des autres mines de diamans, qui
sont des veines de terres ou de rochers, que l'on suit en
creusant. Ainsi, Sumelpur fournit les diamans de la même
manière qu'on en a trouvé de nos jours dans cinq petites
rivières du Brésil, qui forment celle dont le nom est luti-
quinhonha, laquelle se rend dans la grande rivière de Saint
François, comme on le peut voir dans ma carte de l'Amé-
rique méridionale, la seule jusqu'à présent qui donne cette
connoissance. Ptolémée marquant dans l'Inde une rivière
sous le nom d'*Adamas*, on est fort tenté de la prendre pour
celle de Sumelpur. Il est vrai que Ptolémée cite cette
rivière du diamant comme se débouchant dans la mer
immédiatement en-deçà du Gange, ce qui se rapporteroit
davantage au fleuve appelé Ganga, qu'à Sumelpur. Mais, on
ne peut disconvenir que Ptolémée ne soit fort loin de la
précision, dans ce quartier de l'Inde spécialement qui avoisine
le Gange.

La rivière de Sonn rencontre le Gange à quelques lieues
au dessus de Patna, dirigeant son cours vers nord-est. Et
cette direction, par un grand changement dans celle de la
route, devient à peu près la même pour ce qui nous en
reste jusqu'à Patna. Le Gange, avant que d'arriver à cette
ville, passe à Shupra, où les nations de l'Europe qui font
commerce dans l'Inde, se fournissent de salpêtre & d'opium;
de-là près de Monera, qui est une pagode fréquentée par les
dévots Indiens. Patna s'étend en longueur sur la rive droite
du Gange. C'est la résidence d'un puissant Nabab, dont la
province fait un gouvernement distinct & séparé de celui
de Bengale. La situation de cette ville est très-avantageuse
pour le commerce. C'est de Patna qu'on part ordinairement
pour se rendre au Bud-tan ou Tibet, comme aussi c'est à

Patna qu'on se rend plus fréquemment quand on passe de ce pays-là dans l'Inde. La route de communication est peu connue, ainsi que tout ce qui est au nord du Gange. On sait en général, que sur cette route on rencontre des montagnes, dont la traversée est très-rude; & quant à un plus grand détail des lieux, il se réduit jusqu'à présent à ce que les PP. Gruber & d'Orville, & le voyageur Tavernier en ont rapporté. La hauteur observée à Patna par le P. Boudier, dans la maison que des missionnaires Capucins occupent en cette ville, est de 25 degrés 38 minutes. Les PP. Gruber & d'Orville s'en sont peu éloignés à 25 degrés 44 minutes. Et combien y a-t-il de positions essentielles, autre part même que dans le fond de l'Inde, qu'on voudroit pouvoir placer à 5 ou 6 minutes près de leur vraie latitude !

Aux positions données par le P. Boudier dans le mémoire de son voyage, j'ai joint au dessous de Patna la relation d'un Hollandois, & ce que Tavernier a remarqué en descendant le Gange, sur lequel il s'embarqua à Patna pour se rendre à Daka. Toutes les rivières affluentes sur un bord du fleuve comme sur l'autre, sont dûes à l'indication qu'il en a donnée. Celles de la droite doivent être moins considérables, parce que les montagnes dont elles peuvent tirer leur origine; sont peu éloignées du Gange; & ce qui le feroit présumer, indépendamment de cette circonstance, c'est que le P. Boudier n'en fait point mention. Mais, sur la gauche, ou du côté du nord, le Kandoc & le Mart-nadi sont de grosses rivières. Et le nom de la première ressemble fort à celui de *Condochates,* que donne Arrien dans le dénombrement des rivières que reçoit le Gange. Le cours de ce fleuve serpente beaucoup en divers endroits, ce que Tavernier observe aussi. Mongher est une ville considérable entre Patna & Rajimohol: & au dessous de Mongher, les montagnes qui sont sur la droite côtoient le fleuve de manière, qu'en plusieurs endroits, qui sont Jangira, Patri-gatti, Panti, Borregangel, ces montagnes forment des pointes escarpées, dont le fleuve baigne le pied. Le P. Boudier décrit curieusement le passage de Sacrigalli, qui eſt l'entrée du royaume de Bengale. A environ une lieue en-deçà, près d'un endroit nommé Téria-galli, le chemin eſt fermé par une porte ou barrière, que l'on n'ouvre qu'autant qu'on veut, & qui eſt gardée par des gens de guerre. La voie qui ſuit va en étréciſſant, de ſorte qu'on ne peut cheminer que ſur la rive même du Gange : & à un bon quart de lieue avant que d'arriver à Sacrigalli, on entre dans un chemin creux & très-obſcur, que deux montagnes eſcarpées bordent de chaque côté. Ce chemin monte aſſez rapidement juſqu'à une ſeconde porte, qui eſt l'entrée de Sacrigalli, défendue par un corps de troupes plus conſidérable que celui de la première porte. Le chemin dont on vient de parler eſt ſi étroit, qu'il ne laiſſe de paſſage que pour une ſeule voiture : tellement que les voyageurs s'y feroient obſtacle par leur rencontre, s'il n'étoit réglé que ceux qui viennent de Patna paſſeront dans l'après-midi, & ceux qui partent de Sacrigalli dans la matinée.

La latitude de Raji-mohol, ainſi que la conclud le P. Boudier, eſt de 24 degrés 44 minutes. Cette ville me paroît avoir tenu le premier rang dans le Bengale. Le nom qu'elle porte déſigne une ville royale. Les ruines d'une ancienne ville ſont contigues à celle qui exiſte. Sa ſituation ſur le Gange eſt remarquable, en ce que c'eſt l'endroit où ce fleuve ſe partage en deux bras principaux, par leſquels il ſe rend à la mer, à environ ſoixante-dix lieues plus bas, formant un delta beaucoup plus conſidérable que celui du Nil, & dont Raji-mohol eſt le ſommet. L'avantage de cette ſituation me feroit juger l'emplacement plus convenable qu'aucun autre qu'on puiſſe indiquer, à l'ancienne capitale du pays, marquée par Ptolémée ſous le nom de *Gange regia*, nonobſtant qu'il en recule la poſition entre les bras du fleuve fort au deſſous de ſa diviſion.

Des deux bras du fleuve, l'un eſt appelé grand Gange, l'autre petit Gange. Le grand eſt celui de la gauche en deſ-cendant, & qui tend à Daka. Il eſt moins bien connu que celui de la droite, ſur lequel les Européens ont fait leurs établiſſemens, & qui eſt le canal ordinaire dont ils ſe ſervent pour remonter dans le pays. L'eſpace renfermé entre les deux bras dont il eſt queſtion, eſt coupé d'un grand nombre de bras particuliers, dérivés des principaux, & qui forment un labyrinthe, dont toutes les routes ne ſont pas connues. Daka eſt une grande villace, dont les maiſons en grande partie ne ſont que des cabanes, qu'en quelques heures de temps on conſtruit de quelques pieux fichés en terre, & de claies qui en font les murailles & le toît. Son commerce, & la facilité de communiquer de tous côtés par les rivières, en font un lieu conſidérable. Un peu au deſſous de Daka, le Gange eſt joint par une groſſe rivière, qui ſort de la frontière du Tibet. Le nom de Bramanpoutre qu'on lui trouve dans quelques cartes, eſt une corruption de celui de *Brahma-putren*, qui dans le langage du pays ſignifie, tirant ſon origine de Brahma. Cette rivière, en remontant, conduit à Rangamati & à Azoo, qui font la frontière de l'état du Mogol. Azoo eſt une forterelſe, que l'E'mir Jemla, ſous le règne d'Avreng-zèbe, reprit ſur le roi d'Asham, comme une dépendance de Bengale. Quelques milices de race Portugaiſe, que le Mogol a priſes à ſon ſervice, ſont répandues dans cette extrémité de l'Inde, & juſqu'à Rangamati.

Le bras du Gange paſſant à Daka, & groſſi du Brahma-putren, ſe débouche à la mer vis-à-vis d'une île nommée Sun-diva, ſur laquelle Ovington, voyageur Anglois, s'explique d'une manière bien peu exacte (ſuppoſé même qu'il ne la confonde point avec quelque autre terre iſolée), lorſqu'il la dit ſituée à environ vingt milles de la terre ferme d'Aracan, & qu'il lui attribue cent milles de circonférence. Le terrein qui borde la mer dans l'intervalle des deux bras du fleuve, eſt couvert d'une forêt épaiſſe & continue, qui n'eſt coupée que par le grand nombre de canaux détachés des bras principaux, & entre leſquels la nature a pratiqué des communications dans ce terrein preſque auſſi bas que le niveau de la mer. A la hauteur de Sundive, ou un peu plus ſud, eſt le port de Shatigan, formé par l'entrée d'une rivière qui defcend des terres d'Asham & de Tipora, & dans laquelle le Gange fait entrer un canal dérivé du bras qui s'embouche vis-à-vis de Sundive. C'eft donc déplacer Shatigan, que d'en tranfporter la pofition, comme plufieurs Géographes ont fait, fur le bras du Gange dont on vient de parler, & même à fa droite en defcendant, puifque le port de Shatigan s'en écarte fur la gauche. Quelques familles de fang Portugais, que le Mogol entretient à la garde de cette frontière, par laquelle fon Empire confine au royaume d'Araçan, font établies à Shatigan, ayant leurs habitations fur la droite du port en entrant, felon le plan Portugais que Texeira a placé dans fa carte hydrographique de la mer des Indes. Je crois que la hauteur eft de 22 degrés environ 20 minutes. Pimentel, cofmographe *mor* de Portugal, marque 22 degrés 10 minutes; & nous ne fommes pas en état de contefter fur quelques minutes. Le P. Barbier, Jéfuite, dans le recueil XVIII des Lettres édifiantes, dit avoir obfervé 21 degrés 20 minutes: mais, on peut juger qu'il y a erreur de chiffre. Paffons maintenant à l'autre bras.

En omettant quelques lieux de moindre confidération, je m'arrête d'abord à Mocfud-abad. Ce nom fignifie ville de la monnoie. Et en effet c'eft-là où fe frappe celle du pays; & un grand fauxbourg de cette ville, appelé Azingonge, eft la réfidence du Nabab, qui gouverne le Bengale prefque fouverainement. Un peu au deffous de Mocfud-abad, & du même côté, qui eft la gauche du petit Gange, on trouve Caffim-bazar, ville de commerce, où la compagnie Françoife a une loge; & dont la latitude obfervée par le P. Boudier, eft de 24 degrés 8 minutes. De Caffim-bazar nous pafferons à Nudia, où il y avoit autrefois une fameufe univerfité de Brahmènes, lefquels y inftruifent encore leurs difciples dans toutes les connoiffances dont cette tribu Indienne eft dépofitaire, Théologie, Philofophie, Aftronomie. Le nom de Nudia fignifie rencontre des eaux. En cet endroit, fur la droite du bras du Gange que nous defcendons, il s'en détache un bras particulier, qui rejoignant celui dont il dérive à vingt & quelques lieues plus bas, forme une grande île, à laquelle on pourroit rapporter ces paroles de Pline : *insula in Gange est magnæ amplitudinis, gentem continens unam, Modogalingam nomine.* Les lieux marqués sur le bras du Gange dont je viens de parler, sont tirés d'une carte Angloise, qui m'a fourni quelques autres circonstances de détail, nonobstant qu'il y ait, je l'avoue, beaucoup à reprendre dans cette carte.

Au dessous de Nudia, à Tripini, dont le nom signifie trois eaux, le Gange fait encore sortir du même côté un canal, qui par sa rentrée, forme une seconde île renfermée dans la première. L'ouverture par laquelle ce canal rejoint le Gange, porte le nom d'un Portugais, & s'appelle rivière de Jean Pardo. Nudia, Tripini, & Ugli, qui n'est pas loin de Tripini, sont également sur la rive droite en descendant. Ugli est une forteresse des Maures. On sait que par le nom de Maures sont désignés les Mahométans qui dominent dans le pays, à la différence des naturels ou Indiens. Latitude d'Ugli, donnée par le P. Boudier, 22 degrés 56 minutes. Ce lieu étant le plus considérable de la contrée, les Européens qui remontent le Gange, lui ont donné le nom de rivière d'Ugli dans sa partie inférieure : & les établissemens formés par eux pour assurer leur commerce, sont situés sur les bords de cette rivière. Celui des Portugais, qu'ils ont appelé Bandel, en adoptant le terme Persan de *Bender*, qui signifie port, est aujourd'hui réduit à peu de chose, ayant autrefois été fort considérable, & il est presque contigu à Ugli en remontant. Au dessous d'Ugli immédiatement, est l'établissement Hollandois de Shinshura, puis Shandernagor, établissement François, puis la loge Danoise, & plus bas sur le rivage opposé, qui est celui de la gauche en descendant, Banki-bazar, où les Ostendois n'ont pû se maintenir ; enfin, Colicotta aux Anglois, à quelques lieues de Banki-bazar & du même côté.

Je crois superflu de citer un plus grand nombre de lieux, parce que la carte les fait connoître, & que cette partie du

Gange,

Gange, depuis Ugli jufqu'à la mer, étant même ce que j'ai
eu moyen de repréfenter avec plus de détail & de précifion;
j'en ai fait dans un endroit de la carte, qu'un grand efpace
de mer laiffoit vuide, l'objet d'un plan particulier, fur une
échelle affez étendue pour n'omettre aucunes des circonftances
dont on eft inftruit. Mais, je rendrai compte de ce que nous
devons au P. Boudier, pour avoir mis en diverfes pofitions
une juftefle de détermination qui n'étoit pas connue.

La latitude de Shandernagor, rapportée au lieu précifément qu'occupe l'églife du fort François, eft de 2 2 degrés
5 1 minutes 3 2 fecondes. Et fur un grand nombre d'obfervations pour déterminer la longitude, le P. Boudier conclud
la différence à l'égard de Paris de 5 heures 44 minutes 20
ou 25 fecondes, dont il réfulte 8 6 degrés 5 ou 6 minutes.
Dans les Tranfactions philofophiques de la Société Royale,
année 1733, l'obfervation de l'éclipfe de lune du 20 décembre, vieux ftile, 1732, donne lieu à M. Godin de
conclurre 5 heures 44 minutes 37 fecondes, ou 86 degrés
9 minutes : & pour une détermination de longitude, ne différer que de quelques minutes de degré, c'eft fe rencontrer.
Le P. Boudier a fixé diverfes pofitions relativement à celle
de Shandernagor; & il réforme les cartes qui ont été faites du
Gange, fur la pofition de Colicotta, l'eftimant plus occidentale de trois minutes que celle de Shandernagor, nonobftant
que ces cartes indiquent le contraire, par la manière dont
elles font orientées.

Sur la droite du fleuve, un peu plus bas que Colicotta,
les Maures ont une forterefle nommée Tana, au deffous de
laquelle on rencontre la rivière de Jean Pardo. De l'autre
bord, ou celui de la gauche, le fleuve détache divers bras;
& vis-à-vis de ce qu'on appelle pointe d'Ugli, où le cours
du fleuve tourne fubitement à l'eft, pour reprendre enfuite
le fud & le fud-oueft en gagnant la mer, il reçoit une
rivière nommée Tombali, ou Patragatte. Plus bas, fur la
gauche, & fous une forterefle des Maures nommée Ranga-
fula, le Gange ouvre un canal, qui communique à d'autres

I

canaux fortis du bras qui paffe à Daka: de forte qu'en montant par la mer jufqu'à Rangafula, on pourroit, en prenant ce canal, fe rendre directement à Daka. D'autres rameaux du fleuve, au deffous de Rangafula, conduifent à la mer, & entre autres celui que j'ai marqué fous le nom de Baratola. L'île nommée Sagor à l'entrée du fleuve, eft formée par un canal fpacieux & praticable, appelé Ganga-|Sagor. De l'autre côté de l'entrée, les rivières de Cajori & d'Ingeli, puis plus au large la rivière de Pipli, & celle de Balafor, font avec Tombali, rivière mentionnée plus haut, & qu'on peut ajoûter ici, des dérivations d'un grand fleuve, dont le nom de Ganga lui eft commun avec le Gange. Quoique dans des cartes de l'Inde qui ont précédé la mienne, on ne diftingue d'autre embouchûre du Ganga, que celle d'un bras qui fe porte au Cap des Palmiers; cependant les plus anciennes cartes font plus convenables en ce point, & Pipli fpécialement s'y trouve marqué comme une branche du Ganga. Une carte du golfe de Bengale, inférée dans Blaeu, fera même diftinguer les rivières d'Ingeli & de Cajori (fi on prend la peine d'examiner) comme des bras du Ganga. Il y a lieu, ce femble, d'être étonné, que faute de recherche & d'étude, de pareilles circonftances ayent été négligées dans des cartes de l'Inde poftérieurement faites. En lifant Barros, on auroit trouvé que fon témoignage eft formel fur cet article. Dans le premier chapitre du neuvième livre il dit, que le Ganga, après avoir paffé fous Ramana, capitale de l'Orixa, va fe joindre au Gange, avec lequel il entre dans la mer. Barros ajoûte quelque chofe de plus précis; que c'eft vers la hauteur de 22 degrés, fous deux endroits qu'il nomme Angelii & Picholda, dans le premier defquels il eft aifé de reconnoître ce qu'on nomme communément Ingeli, que le Ganga mêle fes eaux avec celles de la bouche du Gange.

On eft appuyé pour la pofition de Balafor, fur l'indication de fa latitude à 21 degrés 29 minutes, par le P. Martin, Jéfuite; & le P. Boudier donne même la différence de longitude à l'égard de Shandernagor fur le pied d'un degré environ 30 minutes. Il réfulte de la détermination du Gange dans fa longitude, que celle du Cap des Palmiers, qui ferme l'ance dans laquelle le fleuve débouche, ne pafle point 84 degrés 40 à 50 minutes, bien qu'en des cartes modernes il foit porté à environ un degré plus loin. J'ai ajoûté au nom de Cap des Palmiers, purement Européen, celui de Sego-gora, comme le nom antérieur & Indien, dont Barros nous inftruit. Ce cap fera le terme du fujet que je me fuis propofé de traiter dans cette feconde Section. C'eft au défaut de connoiffances qu'il faut s'en prendre, fi je ne me fuis pas étendu plus au loin, fur l'un & l'autre côté du grand fleuve dont nous avons fuivi le cours.

SECTION III.

De la partie maritime de l'Inde, qui s'étend depuis les bouches de l'Indus jufqu'au Cap Comorin.

APRÈS avoir parcouru le nord de l'Inde, paffons dans la partie méridionale : & reprenant aux bouches de l'Indus, fuivons la côte, pour ne la perdre de vûe qu'autant qu'il conviendra de faire quelques excurfions dans les terres, pour les reconnoître.

Le fond du golfe de Sindi reçoit par plufieurs embouchûres une rivière, que les vieilles cartes de l'Inde confondent avec l'Indus. Elle nous eft indiquée fous le nom de Paddar, & fur fes bouches les cartes marquent deux villes, Casha & Ninovi. Selon le géographe Turc, à deux journées au levant de Laheri, Kend-koulé eft une ville maritime, autrement nommée Djam-Muhr, & qui a été la réfidence d'un prince appelé fultan Muhr. Il étoit difficile, fans trop hafarder, d'affigner à cette ville fur la carte une pofition diftincte entre plufieurs autres, ce qui ne m'a point engagé d'en taire la notice en cet écrit. La province fe nomme Soret : & comme Ptolémée défigne ce canton de pays qui fuit les bouches de l'Indus, fous le nom de *Syraflene,* dont l'auteur du Périple de la mer E'rythrée fait auffi mention, on peut remarquer qu'outre le rapport d'emplacement, il fubfifte même de l'analogie dans la dénomination. La capitale qu'on donne aujourd'hui à cette province eft Janagar. Le golfe, qui dans Ptolémée eft appelé *Canthi-colpus,* paroît défigné fous le nom d'*Irinus* dans le Périple.

Il faut convenir au refte, que l'intérieur de ce golfe eft peu connu dans le détail. Le rivage dont il eft bordé du côté du midi, en approchant du cap appelé Jaquète, eft mieux décrit qu'il n'avoit été jufqu'à préfent, au moyen d'un plan manufcrit que j'en ai. Un port nommé Balfeti, que

je ne trouve point marqué autre part, ou Barſeti, y paroît
couvert de quelques îles, qui repréſentent celle de *Barace*
dans Ptolémée, à la droite de l'entrée du Canthi-colpus.
Selon l'auteur du Périple, *Barace* eſt le nom d'un enfoncement du golfe, qui renferme des îles au nombre de ſept,
comme en effet le plan actuel en fait connoître plus d'une.
La pointe de Jaquète ſe range dans la carte par la hauteur
de 22 degrés environ 20 minutes. Je la crois trop élevée à
37 minutes dans la table de Pimentel. Les 38 lieues que
Barros marque en droiture, de la bouche de l'Indus près de
Diul à la pointe de Jaquète, produiſent à peu près deux
degrés de différence dans la hauteur; & Pimentel indiquant
Diul à 24 degrés 15 minutes, c'eſt trop peu qu'un degré
38 minutes entre la pointe de Jaquète & Diul. Barros nous
apprend, qu'à Jaquète il y a une habitation conſidérable, &
un temple d'Idoles très-célèbre. Cette Pagode eſt indubitablement celle de Sanem-Saumnat, dont parlent les auteurs
Orientaux. Sanem paroît un terme analogue à celui de
Sania, qui eſt propre aux religieux Indiens. Quant à Saumnat, plus d'une circonſtance ſert à nous fixer ſur cette ville.
Selon Ebn-Saïd, cité par Abulfeda, la ville de Saumnat n'eſt
pas enfoncée dans le golfe, mais voiſine du promontoire
qui avance dans la mer. L'auteur du kanon, Al-Biruni,
qui tiroit ſon origine d'une terre peu éloignée, ſavoir du
Sindi, ainſi que je l'ai remarqué autre part, place Saumnat
dans le canton de *Beraſuê,* lequel ſe reconnoît aiſément dans
ce qui nous eſt donné comme immédiat ſous le nom de
Barſeti, & qui rappelle l'ancienne notion de *Barace.* La
latitude de Saumnat eſt indiquée par le même auteur 22
degrés 15 minutes, ce qui achève de déterminer la convenance de poſition. Ebn-Saïd trouvoit des auteurs qui pla-
çoient Saumnat dans le pays de Lar. Or, ce pays, qui n'eſt
pas connu actuellement ſous un autre nom que celui de
Guzerat, eſt préciſément ce que Ptolémée appelle *Larice.*
Mahmud, fils de Sebek-takin, ayant pouſſé juſque-là ſes
conquêtes, mit non ſeulement la main ſur ce que les

offrandes des Indiens avoient accumulé de richeffes dans le temple de Saumnat, mais par averfion pour une autre religion que celle qu'il profeffoit, il enleva en même temps l'idole de ce fanctuaire, dont, felon le récit de quelques hiftoriens, il fit le feuil de la porte de fa mofquée principale à Gazna, pour que cet objet d'un faux culte fût foulé aux pieds par tous les croyans qui fréquenteroient cette mofquée.

De la pointe de Jaquète à celle de Diu, les cartes varient dans le gifement de la côte du fud à l'eft depuis environ 30 degrés jufqu'à 45. Les Portugais, qui n'admettent pas un degré complet de longitude entre Jaquète & Diu, ne fuppofent même cette divergence à l'égard du fud que d'environ 25 degrés. Un auffi grand écart fait juger, qu'il y a excès dans les deux termes extrêmes, duquel la carte de l'Inde, qui donne un angle d'environ 36 degrés, entre le méridien de Jaquète & le rayon tendant de Jaquète à la pointe de Diu, doit être exempte. Les villes maritimes plus confidérables en cet intervalle font, Mangalor & Patan, dont la dernière eft citée comme ayant été très-grande & floriffante par fon commerce. Diu (ou felon que prononcent les Indiens Div, en fuppofant ce mot terminé par un *e* muet) eft une île de peu d'étendue, & qui même devient prefqu'île jointe au continent par une langue de fable, quand la mer baiffe. La forterefffe Portugaife de Diu, fondée par Albuquerque en 1515, eft devenue célèbre par le fiége qu'elle foûtint en 1538, contre les forces du pays, aidées d'une puiffante flotte Turque, envoyée par Soliman II. Le port renfermé entre l'île & la terre ferme, & dont l'entrée s'ouvre à l'eft, fe nomme Bender-Kehira. La côte depuis Diu tournant à l'eft & au nord, forme un golfe qui a pris le nom de la ville de Cambaye, fituée dans fon enfoncement le plus reculé. Une autre ville, dont il fera queftion dans la fuite, a fait donner à ce golfe dans l'Antiquité le nom de *Barygazenus*. L'auteur du Périple de la mer Erythrée parle fous le nom de *Papica*, du promontoire qui fait le commencement de ce golfe, c'eſt-à-dire de la pointe de Diu, dont un lieu voiſin appelé Soto-papara, ſemble avoir quelque affinité avec cette ancienne dénomination de Papica.

Le détail des poſitions ſur la côte, au-delà de Diu, juſqu'à Goga, qui paroît le plus conſidérable de ces lieux, ſe tire de diverſes cartes, que l'abord de Surate a dû rendre plus circonſtanciées qu'en d'autres parties de l'Inde moins fréquentées. On parle de Biſantagan comme d'une ville de remarque au milieu des terres. Cambaye, dans le fond du golfe, a été la principale ville de commerce de cette côte, avant que Surate exiſtât, ou que le commerce y eût été tranſporté. On prétend que Cambaye a ſuccédé à une ville plus ancienne, dont les veſtiges ſubſiſtent dans le voiſinage ſous le nom de Nagra. Sa ſituation intermédiaire de Surate & d'Amed-abad, & la diſtance convenable à l'égard de chacune de ces villes, décide de la poſition de Cambaye ſur la carte. Une traduction que j'ai d'Abulſeda marque la latitude de Cambaye d'après Al-Biruni, 22 degrés 20 minutes, ce qui eſt, à peu de choſe près, conforme à la carte de l'Inde. Les marées ſont très-violentes au fond du golfe, & ſon extrémité étant découverte en baſſe-mer, le fleuve Mahi qui s'y dégorge, ſe partage ſur la grève en pluſieurs bras ou canaux, que franchiſſent les voyageurs, quand, pour abréger leur chemin, ils prennent le temps que cette plage eſt à ſec. Ce fleuve a été connu de l'auteur du *Périple de la mer E'rythrée* : il dit préciſément, que dans l'intérieur du golfe il y a une grande rivière nommée *Maïs*.

De Cambaye je paſſerai à Amed-abad, capitale de l'ancien royaume de Guzerat, duquel Ekbar fit la conquête ſur un roi mineur, nommé Muzaffer, vers l'an 1566. La hauteur d'Amed-abad ne paſſe 23 degrés que de quelques minutes. Par le ſilence des géographes Orientaux ſur cette ville, on peut juger qu'elle n'eſt pas ancienne, du moins ſous ſon nom actuel. Les Indiens prétendent, que la capitale de Guzerat exiſtoit autrefois dans un lieu nommé Serkesh, ou Serqueſſa, à quelques coſſ au couchant d'Amed-abad, où font les fépultures de plufieurs rois ou princes du pays. Au nord d'Amed-abad, fur la route d'Agra, on rencontre Shit-pur, ville qui tire fon nom des Shites ou toiles peintes qui s'y fabriquent. Les montagnes qui s'élèvent à quelque diftance d'Amed-abad, font occupées par des Rafputes, dont le nom eft propre à la cafte militaire Indienne. Ces Rafputes étant peu foûmis, font des courfes dans le plat-pays, de même que les fujets du Raja Badur, lequel eft cantonné d'un autre côté, & au levant d'Amed-abad, dans un pays de difficile accès. Sur une des routes qui conduifent d'Amed-abad à Barokia, & en même hauteur que Cambaye, Brodar eft une ville de remarque, conftruite depuis deux fiècles des débris d'une ville plus ancienne, qui étoit appelée Raji-pur, ce qui fignifie ville royale, & dont il fubfifte des veftiges à environ un coff de Brodar. Je m'arrêterai enfuite à une circonftance que nous fournit un des voyageurs qui mérite le plus de croyance; c'eft de Thévenot dont je veux parler. En faifant le détail de fa route de Barokia à Amed-abad, il dit que dans un bourg nommé Debca, où il a paffé, les habitans auxquels il a trouvé un caractère de hardieffe & d'infolence tout extraordinaire, étoient il y a peu de temps de ceux qu'on nommoit Merdi-coura, ou mangeurs d'hommes. N'eft-on pas furpris, qu'au milieu d'un pays, où par principe de religion, on s'abftient de toute chair d'animal, où le fcrupule s'étend jufqu'aux plantes qui végètent, il fe rencontre des Anthropophages? Mais, ce qui témoigne que le fait n'eft pas avancé légèrement par le voyageur, c'eft que le terme de *Merdi-coura*, qu'il ne paroît avoir connu que par cet endroit, fe retrouve dans l'Antiquité la plus reculée. Ctéfias, felon les extraits de Photius, dit précifément que *Martichora* chez les Indiens fignifie la même chofe qu'Ἀνθεϱπο φάγος chez les Grecs. C'eft en parlant d'une efpèce de monftre, avide de chair humaine, & pour cette raifon appelé ainfi dans l'Inde, que Ctéfias en interprète la dénomination. Ariftote, Elien, Pline, Philoftrate, ont parlé de cette bête. Il eft vrai que dans Ariftote &

dans

dans Pline, on lit Mantichora pour Martichora. Mais, le
vice de cette leçon devient manifeste par celle du voyageur.
D'ailleurs, le terme de *Mard* se retrouve en plusieurs idiomes
de l'Orient, & entre autres le Persan, pour désigner au
propre ce que *vir* désigne en latin, se prenant aussi pour
l'équivalent du terme de *bellator*, & même de *rebellis*, d'où
je me persuade que plusieurs montagnards de la Perse,
vivans dans l'indépendance, & notamment ceux de Deïlem,
au midi de la mer Caspienne, ont été appelés *Mardi.*

Barokia, que les Persans prononcent Berûg, ou comme
on lit dans E'drisi, Beruh, est évidemment l'ancienne *Barygaza;* & il n'y a pas moins de rapport dans la situation,
que d'analogie dans la dénomination. Selon l'auteur du
Périple, après avoir traversé le golfe qui en tiroit son nom
de *Barygazenus,* on montoit par une rivière à la ville de
Barygaza. Ptolémée range cette ville au couchant du fleuve
qu'il nomme *Namadus.* Le nom actuel & plus correct
est Nerbedah. Barygaza, avant l'état florissant des villes de
Cambaye & de Surate, qui ont successivement prévalu,
étoit l'*Emporium,* ou l'échelle principale du commerce, en
cette partie de l'Inde. Il est étonnant que M.rs Sanson,
qui ont certainement beaucoup mérité du côté de l'ancienne
Géographie, aient méconnu la position de Barygaza. Le
déplacement qu'ils en ont fait, en rejetant Barygaza beaucoup plus au sud, & vers le lieu de Bombay, paroît une
suite de plusieurs déplacemens antérieurs, & dont l'erreur
n'est pas moins évidente. Ils ont pris Surate pour la *Syraf-
tène,* sur quelque rapport de nom vrai-semblablement; mais
auquel il ne falloit point avoir égard, en considérant que
l'existence de Surate, ou du moins l'état florissant qui la distingue aujourd'hui, ne paroît pas d'un temps bien reculé. Et
ce qui achève d'indiquer la méprise la plus marquée sur cette
disposition de différens lieux, *Patala,* dont la situation entre
les bras de l'Indus ne souffre aucun doute, M.rs Sanson
l'établissent dans la position de Cambaye. On n'imagineroit
pas qu'un tel défaut de position fût à relever dans des auteurs

de Géographie, qui tiennent un rang diftingué dans le petit nombre des plus habiles.

L'auteur du Périple, en décrivant le golfe & l'abord de Barygaza, fait mention d'un lieu fous le nom de *Cammoni*, qu'on peut croire le même que celui de *Camanes* dans Ptolémée. Sans lui affigner de pofition bien précife, je me contenterai d'obferver que le terme *Kom* paroît appellatif fur cette côte, pour défigner un lieu propre à y aborder; de manière que la plage de Suali, par exemple, vis-à-vis de Surate, fe nomme Kom-Suali. On n'ignore pas que Surate fur la rivière de Tapti, eft à quelque diftance de la mer; que la barre qui eft à l'entrée de cette rivière, ne permet pas aux navires de monter jufqu'à la ville, & que la rade où ils arrivent & viennent mouiller, eft vis-à-vis d'un lieu nommé Suali, éloigné d'environ un demi-mille du bord de la mer. On ne trouve aucune mention de Surate avant les navigations des Européens depuis les derniers fiècles. Le P. Vincent-Marie, Carme, dans fon voyage de l'Inde, dit en parlant de Surate, *altre volte borgo ordinario del regno di Guzeratte*. Il fubfifte des reftes d'une ancienne ville, nommée Reiner, fur le rivage du Tapti oppofé à celui de Surate. La latitude de Surate eft de 21 degrés environ 10 minutes. Il y a indication de fa longitude dans la Connoiffance des temps à 70 degrés de Paris, qui font 90 degrés du premier méridien. Surate n'atteint pas tout-à-fait cette longitude dans la carte de l'Inde: il s'en faut au moins un demi-degré; & M. Delifle eft en même pofition dans fa carte, intitulée Côtes de Malabar & de Coromandel.

Avant que d'aller plus loin, en continuant de fuivre la côte, il me paroît convenable de parcourir l'intérieur du pays, dans ce qui eft plus à portée de la partie maritime jufqu'à préfent décrite. Une ville que j'aurois fort à cœur de retrouver eft Nehelvarê, dont plufieurs géographes Orientaux, cités par Abulfeda, ont parlé comme de la capitale du Guzerat. Dans Edrifi on lit Nahroara: & c'eft non feulement fur la province de l'Inde, que nous connoiffons actuellement fous le nom de Guzerat, mais fur le plus confidérable de tous les royaumes Indiens, que cette ville a dominé, felon ce Géographe. Un monarque refpecté de tous les autres fouverains de l'Inde, & auquel le titre de *Balahara*, fignifiant le feigneur ou roi par excellence, étoit réfervé, faifoit fa réfidence en cette ville. Ptolémée, dans une province de l'Inde qu'il nomme *Ariaca*, contigue à celle de *Larice*, que plus haut j'ai remarqué être le Guzerat, plaçant une ville fous le nom d'Hippocura, en qualité de ville royale du *Baleocur;* la grande affinité de ce titre avec celui de *Balahar*, jointe à la convenance de région, me perfuade que c'eft du même potentat qu'il eft queftion. Voilà donc un Etat Indien, prééminant en dignité, que nous découvrons exiftant dans le commencement du troifième fiècle, & dont il eft encore mention comme fubfiftant, dans un auteur Arabe qui écrivoit dans le douzième. Le Balahar étant véritablement Indien, confervoit en ce même temps le Paganifme de l'Inde, nonobftant que le Mahométifme fe fût répandu jufqu'à l'Indus dès le fecond fiècle de l'Hégire, & le huitième de l'Ere Chrétienne. E'drifi nous inftruit de cette circonftance, en difant que le Balahar eft adorateur de *Bodda*. Les Brahmènes du Malabar difent que c'eft le nom que Vishtnu a pris dans une de fes apparitions, & on connoît Vishtnu pour une des trois principales divinités Indiennes. Suivant S.ᵗ Jérôme & S.ᵗ Clément d'Alexandrie, *Budda* ou *Butta*, eft le légiflateur des Gymno-fophiftes de l'Inde. La fecte des Shamans ou Samanéens, qui eft demeurée la dominante dans tous les royaumes d'au-delà du Gange, a fait de Budda en cette qualité fon objet d'adoration. C'eft la première des divinités Chingulaifes ou de Ceilan, felon Ribeiro. Samana-Codom, la grande idole des Siamois, eft par eux appelée *Putti*. C'eft une dénomination qui femble même défigner la divinité en général. On n'appelle un temple Indien *Pagode*, que par corruption de *Pod-ghed*, où le mot *Pod* ou *Bod* fignifie l'objet du culte, la divinité. Le nom de *Bud-tan*, donné au Tibet, veut précifément dire le pays

K ij

de Dieu, par rapport à la réfidence du Dalaï-Lama, en qui l'efprit de Foë eft cenfé réfider, & qu'une grande partie de la Tartarie adore par cette raifon.

Les géographes Orientaux ne s'expliquent pas avec affez de précifion fur la fituation de la ville royale du Balahar, pour qu'il foit facile de la reconnoître. Selon Ebn-Saïd, elle eft fituée en plaine, à trois journées de la mer, & Kombaye (ou Cambaye) eft fon port, duquel elle tire ce qui lui eft néceffaire. E'drifi dit, que la diftance à l'égard de Beruh (ou Barokia) eft de huit journées, par un pays uni & fans montagnes. Dans les tables de Nafir-uddin & d'Ulug-beg, la latitude eft marquée de 22 degrés. Et cette hauteur, combinée avec l'éloignement que donne E'drifi, ne peut convenir à la diftance de trois journées de la mer, indiquée par Ebn-Saïd. Abu-Rihan donnoit un autre lieu de latitude; mais les nombres ne paroiffent pas les mêmes dans les différens manufcrits d'Abulfeda. L'indication à 23 degrés 30 minutes paroîtroit la plus convenable; & en ce cas, la pofition de Nehelvarè ne s'écarteroit pas beaucoup d'Amedabad, fa relation avec Cambaye feroit toute naturelle, & les huit journées à l'égard de Barokia pourroient encore s'admettre, en les fuppofant foibles, & feulement de cinq ou fix heures de marche, comme cette mefure fuffit quelquefois pour les eftimer. La recherche de cette pofition m'ayant donné occafion de citer le nom d'*Ariaca,* qui eft particulier à une contrée de l'Inde dans Ptolémée, & que l'on rencontre auffi dans l'auteur du Périple; j'ai trouvé que ce nom exiftoit encore actuellement dans une partie du vafte pays que l'on connoît fous le nom de Décan. Le P. du Croz, Jéfuite, dans le premier recueil des mémoires publiés par le P. Souciet, *p. 242,* fait mention de la contrée d'*Arè* comme d'une portion du Décan.

Le fleuve Nerbedah fort avec plufieurs autres rivières qu'il reçoit dans fon lit, des montagnes de la province de Malûa, fituée entre le nord & le levant à l'égard de Surate, & limitrophe de Guzerat. Une des villes principales eft

Mandoû ou Mandoa, affife au pied d'une montagne, dont toute l'étendue eft environnée d'une vafte enceinte de murailles, indépendamment d'une grande forterefle qui en occupe le fommet. Le nom de cette ville fe retrouve dans l'Antiquité, en celui de *Mandiadeni*, que fournit Arrien, lorfqu'il dit que la rivière de *Sonus* tire fon origine de cette contrée de l'Inde: & comme Sonus ou Sonn-fu eft la même rivière que celle d'Andi, ainfi que je l'ai fait obferver dans la fection précédente, la convenance entre les pofitions actuelles d'Andi & de Mandoû, fe joint au rapport qui fubfifte dans la dénomination, pour qu'on foit affuré que Mandiadeni & Mandoû doivent être pris l'un pour l'autre. Au nord de Mandoû eft une autre ville ancienne, nommée Ugen, avec un château nommé Calléada. On reconnoît diftinctement cette ville dans Ptolémée, fous le nom d'*Ozene;* & il nous apprend qu'elle eft la réfidence d'un fouverain appelé Tiaftan. Shitor, qui eft au couchant d'Ugen, conferve dans fes ruines de grands veftiges de fon ancienne fplendeur. Elle fervoit de demeure au Raja Ranas, qui s'eft maintenu dans les montagnes, quoique le Mogol Ekbar l'eût contraint de reconnoître fa domination. La nation des *Rhamnæ*, marquée par Ptolémée, doit fe rapporter indubitablement au pays de Ranas. Le Raja prétend tirer fon origine des fouverains Indiens, qui ont porté le nom, ou pluftôt le titre de *Porus.* L'ambaffade Indienne qu'Augufte reçut à Samos, étoit envoyée par deux rois, Porus & Pandion. Suivant le témoignage de Nicolas de Damas, qui vit l'ambaffadeur de Porus à Antioche, ce monarque, dans la lettre qu'il écrivoit à Augufte, fe difoit avoir fix cens rois dans fa dépendance. On peut conjecturer, que la partie de l'Inde que nous parcourons dépendoit de fa domination, fur ce que le perfonnage Indien, qui fe jeta volontairement dans un bûcher à Athènes, après avoir accompagné l'ambaffade, fortoit de la ville qui eft nommée *Bargofa*, comme on lit dans Strabon, laquelle on prendroit volontiers pour celle de Barygaza; & je trouve qu'Ortelius, dans fon tréfor géographique, a penfé de même

K iij

fur cette ville. Il faut encore citer un lieu du même canton de pays, qui eft Godah. C'eft Thomas Rhoe, Anglois, qui nous en donne la connoiffance, pour y avoir paffé à la fuite du Mogol Gehan-ghir, faifant route d'Azmer à Ugen. Il en parle comme d'une ville confidérable & bien conftruite, plus belle encore par fa fituation dans une campagne fertile & bien peuplée.

Au levant de Surate & au midi de Malûa, eft la province de Kandish, à laquelle celle de Berar fe trouve annexée dans la diftribution que quelques auteurs font des provinces de l'Indoftan. Berar eft au levant de Kandish; fa capitale eft Shapur. C'eft tout ce qu'on en fait, parce que cette province ne fe rencontre point fur les routes ordinaires des voyageurs de l'Inde. Brampur, capitale de Kandish, eft une grande ville, vers le haut du fleuve Tapti, lequel prend fa fource un peu au deffus du château de Gehar-conda, fitué pareillement au-delà de Brampur. Une des deux routes qui conduifent de Surate à Agra, paffe par Brampur, & je la crois plus fréquentée que l'autre par Amed-abad. On fe rend de Surate à Naopura; où, de deux routes qui fe préfentent, l'une mène à Brampur, l'autre à Avreng-abad & dans les provinces du Décan, en prenant à droite, & déclinant vers le midi. Je ne ferai point énumération des lieux qui fe rencontrent fur chacune de ces routes; c'eft un détail tiré de Thévenot, de Tavernier, & du voyage d'un évêque d'Héliopolis. Dans le voifinage de Brampur, je parlerai d'Haffer comme d'une fortereffe, qui fut défendue par un feigneur particulier dominant à Brampur, lorfqu'Ekbar, après la conquête du Guzerat, voulut étendre fa domination dans le Décan. La réduction de Doltabad, dont un autre feigneur fut dépoffédé, fuivit celle de Brampur: & Andanagar, ville plus avancée dans le Décan, & occupée par une princeffe nommée Candé, tomba en même temps au pouvoir d'Ekbar.

On peut regarder Avreng-abad fur le pied de capitale du Décan, comme étant actuellement la réfidence du vice-roi, qui eft réputé avoir le droit de commandement fur tous les

Nababs inveftis des principautés particulières, comprifes ci-
devant dans l'étendue des royaumes de Vifapur, Golkonde
& Carnate. Le nom de Décan défigne une contrée méridionale, & l'auteur du Périple de la mer Erythrée en étoit
inftruit. Il dit précifément, que depuis Barygaza, le pays
s'étendant vers le midi, eft par cette raifon appelé *Dachin-
abades;* les Indiens défignant, ajoûte-t-il, le côté de *Notus,*
ou du midi, par le terme de *Dachan,* Δάχανος. On peut
remarquer au furplus que le terme *Abad,* joint à *Dakan*
dans la dénomination *Dakin-abad,* eft purement Perfan, &
fignifie *habitation.* Cette diftinction, que l'auteur du Périple
met entre la contrée du nord vers Barygaza, & celle qui
de-là s'étend vers le fud, je la trouve confirmée par des
dénominations exiftantes dans l'Inde. Les Chrétiens de Saint-
Thomas dans le Malabar, étant partagés en feptentrionaux &
méridionaux, les premiers font entre eux appelés *Baregam-
pagan,* les autres *Degam-pagan.* Il fe forma trois royaumes
dans le Décan vers le milieu du feizième fiècle, par la
rébellion de trois principaux feigneurs contre leur fouverain.
Nizam-maluc ou Nizam-Shah fe fit roi à Vifapur, Cothub-
shah à Golkonde, & Edel-shah à Bifnagar. Le dernier de
ces royaumes fut dans la fuite envahi par les rois de Vifapur
& de Golkonde, & celui de Vifapur étendit fa domination
jufqu'à la côte de Coromandel. Mais le Mogol Avreng-zebe
eft parvenu à fe rendre maître de Vifapur, comme de
Golkonde; & s'eft fait reconnoître en qualité de fouverain
par divers princes Indiens, dont les Etats atteignent le cap
Comorin.

C'eft dans une province particulière appelée Balagate, que
la ville d'Avreng-abad eft fituée. Cette ville doit le nom
qu'elle porte, & vrai-femblablement fon élévation, à Avreng-
zebe, qui du vivant de fon père Shah-gehan gouvernoit
cette province, alors frontière de l'empire des Mogols. J'écris
Avreng-abad par l'v confonne, & non Aureng-abad, parce
que le mot Perfan *Avreng,* qui fignifie ornement, veut être
prononcé comme cette manière d'écrire l'indique. A environ

cinq coff au nord d'Avreng-abad eft Dolt-abad, ville royale
du Décan, avant le démembrement de ce royaume, & l'établiffement de ceux de Vifapur & de Golkonde. Le château
que cette ville renferme dans fon enceinte, paffe pour une
des meilleures fortereffes de l'Inde. Il ne faut point oublier
la Pagode d'Elora, diftante de quelques heures de chemin
de Dolt-abad; ouvrage prodigieux, où plus d'un temple
diftinct & féparé, avec des portiques & des galeries, &
une infinité de chapelles particulières, le tout occupant un
efpace fort étendu, eft pris du roc vif, taillé de manière à
former tous ces édifices, qui font chargés d'un prodigieux
nombre de figures travaillées dans le même roc. Il faut lire
Thévenot, que fa curiofité a conduit fur le lieu; & être
étonné, que faute apparemment de l'avoir lû, des Géographes aient omis un lieu auffi remarquable dans des cartes
particulières de l'Inde.

Au couchant d'Avreng-abad, on diftingue de Balagate la
province de Baglana, dont Muler eft la ville principale: &
au fud de Balagate, avant que d'arriver à la frontière de
Golkonde, qui eft près d'un lieu nommé Calvar, il faut
traverfer la province de Telenga, autrefois plus étendue,
puifque Vifapur en dépendoit. Sa capitale eft Shehr-Bider;
& il y a une route qui d'Avreng-abad fe rendant à une
ville nommée Patri, conduit à Bag-nagar, la capitale de
Golkonde, en paffant par Shehr-Bider. Je dis une route,
parce qu'il y en a plufieurs tendantes à Bag-nagar, & fpécialement celle qui paffe par Indur, terre de Raja, fur la
gauche de la route de Shehr-Bider. C'eft dans l'intervalle de
ces deux routes qu'il y a un Kandahar, dont j'ai parlé à l'occafion de celui que tout le monde connoît fur la frontière
de la Perfe & de l'Inde. Mais, il eft bon de faire obferver
la correfpondance de différentes pofitions principales, liées
entre elles par des routes qui communiquent des unes aux
autres. La pofition de Brampur tient d'une part à Agra, &
de l'autre à Surate. Avreng-abad, & enfuite Patri, partent
également du point de Surate. Et Patri eft en même temps

relatif

relatif à Brampur, par le moyen d'une route dont on a le détail, comme de celles dont j'ai parlé. Ajoûtez la route de Patri à Bag-nagar, pour voir la communication s'étendre depuis Agra jufqu'à Bag-nagar. On ne peut avoir rencontré une forte d'harmonie dans la combinaifon de ces différentes routes, & des efpaces qui font propres à chacune d'elles, fans qu'il n'en réfulte une préfomption de convenance avec le local.

Je reviens maintenant à la côte. Entre plufieurs endroits connus dans l'intervalle de Surate à Daman, je ferai mention de Gandivi. Peu au-delà d'un lieu qui fuit, nommé Belfar, les terres qu'occupent les Portugais terminent le Guzerat. Daman eft celle des places Portugaifes de cette côte qui fe préfente la première. Elle fut enlevée au roi de Guzerat en 1559. L'Etat du Nizam-maluc s'étendoit jufque dans le voifinage de Daman, & y confinoit, avant que les conquêtes du Mogol euffent entamé le Décan. Ce qu'il y a de chemin entre Surate & Daman s'eftime environ quarante coff. Et de Daman à Baçaïm, autre place Portugaife, on compte dix-huit lieues. Le terrein qui renferme Baçaïm, & quelques autres lieux qui précèdent, favoir, Maïn, Quelmé, Bandora, eft ifolé par un canal, qui communique à la mer entre le lieu nommé Tarapor & Maïn, après avoir reçû du fond des terres plufieurs rivières ou courans d'eau. Au fud de Baçaïm s'ouvre un autre canal, qui tournant dans les terres pour rejoindre la mer au fond de la baye de Bombay, forme l'île qu'on nomme Salcète. En s'embarquant dans ce canal fous Baçaïm, on arrive à Tana, ville défendue par quatre châteaux, dont deux ont leur affiette dans l'eau, felon la relation du P. Vincent-Marie, qui a été fur les lieux. Les géographes Orientaux font mention de cette ville, d'une manière à faire juger qu'elle a été des plus floriffantes de cette partie maritime par le commerce. Ebn-Saïd, étendant jufque-là le pays qui a porté le nom de Lar, dit qu'elle en eft la dernière place. Abulfeda ajoûte, fur le rapport de quelques voyageurs, qu'elle eft environnée d'eau

L

avec les lieux de fa dépendance, ce qui convient à la fituation actuelle qu'on lui retrouve. Il cite Edrifi, pour dire que dans les montagnes voifines de Tana croît l'arbre, des racines duquel on tire le Kna, qui fert à teindre les mains, &c. ce que je rapporte pour fervir de correction à la verfion que nous avons d'Edrifi, où ce lieu eft nommé Nana, au lieu de Tana (huitième partie du fecond climat). Et comme l'endroit cité par Abulfeda, eft plus ample que dans l'Edrifi que nous avons, c'eft bien une confirmation de l'opinion qu'on prend par d'autres endroits, que cet ouvrage n'eft qu'un abrégé du véritable. Je remarque au furplus, touchant Tana, que fa latitude, marquée par Al-Biruni, de 19 degrés 20 minutes, paroît très-convenable. On la trouve de même dans les tables de Nafir-uddin & d'Ulug-beg. Et de ce que la ville de Tana eft mentionnée dans ces tables, pluftôt que toute autre ville de cette contrée, fans excepter Cambaye ou Barokia, on peut conclurre qu'il a été un temps où Tana prévaloit. Marc-Pol en parle comme d'un royaume, qu'il joint à ceux de Cambaeth & de Semenath, Cambaye & Saumnat.

Le territoire de Bombay, ou, felon qu'écrivent les Portugais, Bombaïm, eft féparé de Salcète par un canal, qui en fait une île particulière. Les Anglois ont acquis Bombay par le mariage du roi Charles II avec une infante de Portugal en 1662. La baye eft fpacieufe, & renferme quelques îles, dont une fe diftingue par la figure d'un éléphant de grandeur naturelle, & accompagnée d'une pagode, l'une & l'autre taillées dans le rocher. L'air mal-fain qu'on refpire à Bombay eft un inconvénient, que l'avantage de fa fituation ne rachette, qu'autant que l'intérêt attache au commerce. Les Anglois marquent fa latitude au dix-neuvième degré. La carte de l'Inde y ajoûte quelques minutes, fans que je veuille contefter fur cet article. Vis-à-vis de Bombay, près de la terre-ferme, font des îles nommées Caranja, au-devant defquelles eft l'embouchûre d'une rivière nommée Nagotana. Ptolémée marque l'entrée de celle qu'il nomme *Nanaguna*,

en un parage qui convient à celui-ci. Il eſt vrai qu'il fait
venir cette rivière de fort loin dans les terres, ce qui, à la
ſuite de Nerbedah, qui eſt le *Namadus* de Ptolémée, conviendroit mieux au Tapti, qui paſſe à Surate & tire ſon
origine d'au-delà de Brampur, qu'à Nagotana, qui ſort des
montagnes peu éloignées de la côte. Mais, Ptolémée eſt trop
incorrect dans ſa géographie Indienne, pour n'y pas remarquer de très-grandes erreurs. Il fait ſortir de Nanaguna, ſur
ſa droite & en approchant de la mer, pluſieurs bras de
rivière, ſous des noms particuliers, & avec des embouchûres
différentes; & on ne ſauroit mieux faire en faveur de Ptolémée, que de prendre ces canaux pour ceux que l'on voit
s'étendre depuis Nagotana & Caranja, juſqu'au-delà de Baçaïm, & qui ſéparent du continent cette bande de terre,
qui fait le rivage de la mer.

C'eſt ici le lieu de parler de ce qu'on appelle Concan,
partie maritime & occidentale du Décan, laquelle ſe prolonge juſqu'au Canara au-delà de Goa. Dans la relation d'un
voyageur Mahométan, publiée par l'abbé Renaudot, il eſt
mention de Kemkem, comme d'un pays limitrophe de l'Etat
du monarque Indien appelé Balahara. A la hauteur de Bombay, dans un lieu eſcarpé & fortifié par la nature, eſt un
château qui a ſervi de place d'armes au fameux Raja Cievogi
ou Sevagi, lequel ſe rendit puiſſant il y a près d'un ſiècle
dans ce pays de montagnes, en l'uſurpant ſur le roi de
Viſapur, & pilla Surate en 1664. Derrière ces montagnes,
comme on l'apprend de Barros, naiſſent deux rivières,
Cruſuar & Benhora; la première au nord de l'autre. Ces
rivières s'étant unies aux environs d'Andanagar, ſelon la
poſition que les anciennes cartes donnent à cette ville, qui
fut une des conquêtes d'Ekbar dans le Décan; elles forment
le grand fleuve Ganga, duquel j'ai parlé dans la ſection
précédente, en faiſant remarquer comment il ſe joint avec
le Gange. On a quelques autres notions de ce fleuve, &
de diverſes rivières qui doivent le joindre ſur ſon paſſage,
parce qu'il traverſe les différentes routes qui conduiſent

d'Avreng-abad à Bag-nagar. Au-delà de ces lieux, le défaut de connoiſſance ſur un très-grand eſpace de pays, nous laiſſe ſans aucun détail ſur le cours de ce fleuve, juſqu'à ce qu'on le reprenne vers l'endroit où il ſe partage en divers bras, pour arriver au Gange & à la mer. On ne doit point être ſatisfait, que faute de s'inſtruire dans Barros, & de conſulter même quelques cartes particulières, figurées en conformité, l'origine du Ganga ait été inconnue aux Géographes qui ont dreſſé des cartes de l'Inde; & que dans celle qui a pour titre, Côtes de Malabar & de Coromandel, il y ait même des rivières tracées de manière à ne point permettre de paſſage, & à couper le chemin au fleuve Ganga.

Au-delà de Nagotana, & à l'entrée d'une rivière eſt Chaûl, ville poſſédée par les Portugais, mais aujourd'hui extrêmement déchue de ce qu'elle étoit autrefois. Son château, ſur une pointe preſque iſolée, & qui s'élève en hauteur, eſt connu ſous le nom de *Morro de Chaûl.* Sur la gauche de l'entrée qui eſt ſpacieuſe, une île nommée Calaba eſt occupée par les Angrias. Ces *Angrias* ſont des pirates de profeſſion, qui nuiſent beaucoup au commerce ſur cette côte; & dont le poſte principal, nommé Vizindruk, eſt un fort ſur un écueil, ſitué au-devant de l'embouchûre de pluſieurs rivières, par 17 degrés environ 10 minutes, à trente lieues au-delà de Chaûl. Ils ſont ſujets de Sahou-raja, ſouverain des Marates. Les *Marates* ſe ſont fait connoître dans ces derniers temps, pour avoir porté la déſolation dans une grande partie de la preſqu'île de l'Inde. Le pays ſitué ſur la côte de Coromandel leur appartenoit autrefois, & c'eſt d'un prince de cette nation que les François ont obtenu l'établiſſement de Pondicheri. Mais, la domination du Mogol, en s'étendant juſqu'à l'extrémité de la preſqu'île, les a contraints de ſe retirer dans les montagnes qui règnent le long de la partie occidentale. C'eſt de-là qu'ils ſont ſortis, pour infeſter tout le plat-pays vers l'orient, & juſqu'à la mer, en profitant des diviſions qui ſont ſurvenues entre diverſes Puiſſances établies par l'autorité du Mogol, mais que la foibleſſe du gouvernement, depuis la mort d'Avreng-zèbe, n'a pû contenir dans l'ordre & l'obéiffance. Quoiqu'on ne puiffe fixer avec pré-cifion des limites au pays dominé par Sahou-raja, & occupé par les Marates; l'idée générale qu'on en doit avoir, c'eft l'éten-due de terre que traverfent ce que les Indiens appellent *Gattam*, ou les montagnes, depuis la hauteur de Bombay jufqu'à celle de Goa. La réfidence de Sahou-raja eft une ville nommée Satara, dont on ignore la pofition. Les Portugais ayant été en guerre depuis quelques années avec un prince voifin de Goa, fujet de Sahou-raja, j'ai eu recours à M. de la Cerda, miniftre de Portugal auprès du roi, pour acquerir quelque connoiffance fur la fituation de Satara. Et par une lettre de M. d'Almeyda, comte d'Alorna, qui pendant fa vice-royauté de Goa a remporté de grands avantages dans la guerre dont je viens de parler, j'ai appris que Satara eft dans les Gattes, à huit journées de Goa, & à peu près en même diftance à l'égard de Bombay; en forte que ces trois pofitions, Goa, Satara, Bombay, faffent le triangle. En par-tant de Goa pour Satara, on fe rend à une petite place de la dépendance du roi de Sunda, nommée Sanquelim, de-là à Caliapur, réfidence d'un prince appelé Sambagi-raja, puis à Satara. De ces inftructions on peut conclurre, que la pofi-tion de Satara doit être plus élevée que Goa d'environ deux degrés & demi ou deux tiers, & décliner peut-être de quelques degrés de fon méridien vers l'eft : mais, ce n'eft pas une indication affez précife, pour que je me fois permis de donner une place à Satara dans la carte.

Je reviens aux Angrias. Ces écumeurs de mer ont été de toute antiquité établis où nous les trouvons. Ptolémée indique la nation qu'il appelle ἀνδρῶν Πειρατῶν, aux environs des bouches du fleuve Nanaguna. L'auteur du Périple de la mer Erythrée, & Pline, en font auffi mention. A la fuite de Chaûl vient Danda-Rajapur, fortereffe dans une île qui couvre l'entrée d'une rivière. La carte du Pilote Anglois confond mal-à-propos Danda avec la rivière qui entre dans la mer fous Chaûl. On a paffé par deffus Danda dans une

L iij

autre carte particulière de cette côte. Siferdam, qui fuit Danda, eft une pofition de remarque, en ce que les auteurs Arabes placent en ce parage une ville de Sefarê, avec le furnom d'el-Hind, pour la diftinguer de Sefarê-el-Zenge, qui eft Sofala de la côte d'Afrique, ou du pays de Zengis, qui a donné le nom à ce qu'on appelle communément côte de Zanguebar. Dans cette pofition de Sefarê ou de Siferdam, je penfe que fe doit tranfporter le lieu que Ptolémée nomme Supara, quoiqu'il le faffe précéder les bouches du Nanaguna. Le port de Sibor, dont Cofmas fait mention fur cette côte, peut auffi être pris pour le même lieu : car, outre qu'on doit favoir que les voyelles font affez indifférentes dans ces dénominations, les confonnes *p* & *b* fe confondent, & le *p* & l'*f* fe permutent, comme dans le nom de Fars (qui défigne la Perfe) & en plufieurs autres. Ce lieu de Supara tireroit une grande illuftration d'être pris pour l'*Ophir* de Salomon, fuppofé que l'opinion du docte Lucas Holftenius (dans fes annotations fur Ortelius) pût être préférée à celle qui établit Ophir fur la côte Afriquaine, pluftôt que fur celle de l'Inde.

. A Siferdam fuccède Dabul, ville fituée à l'entrée d'une grande rivière, laquelle venant d'affez loin dans les terres, traverfe les Gattes pour defcendre dans le pays maritime. Linfchoot marque la latitude de Dabul à 18 degrés; Mandeffo à 17 degrés 45 minutes. Ce point eft certainement marqué trop fud dans la table de Pimentel à 17 degrés 30 minutes. La carte de l'Inde eft plus convenable à 17 degrés 50 minutes. Il y a une carte marine où Dabul monte à 18 degrés 15 minutes, en refferrant dans l'efpace de 16 à 17 lieues marines la diftance de Bombay à l'entrée de Dabul, qui en vaut plus de 25. Zenghizara, Giria, Vizindruk, viennent enfuite. Il y a un plan particulier de Vizindruk, donné avec plufieurs autres de divers endroits de la même côte, par Henri Cornwal, capitaine Anglois. Je paffe de-là à la rivière de Rajapur, qui fe navigue en remontant jufqu'à deux journées de la mer. Rajapur eft fur la gauche, & avant

que d'y arriver, on rencontre fur la droite Ceitapur, où les
François ont eu un établiſſement il y a environ ſoixante-dix
ans. Le P. Vincent-Marie dit, qu'à l'entrée de cette rivière,
alla foce, eſt la fortereſſe de Carapatan, aſſiſe ſur un rocher,
que la mer baigne de trois côtés. Toutes les cartes qui me
ſont connues, & entre autres une manuſcrite Françoiſe, où
l'entrée de Rajapur paroît figurée plus en détail qu'ailleurs,
rangent Carapatan plus au ſud que l'entrée de Rajapur. Et
dans la table de Pimentel, Carapatan eſt marqué de trois
minutes plus méridional que Ceitapur. Pietro della Valle fait
auſſi diſtinction de lieu en ces termes : *paſſammo prima Ra-
giapur, e poi Carapeten.* Il n'y auroit point de difficulté, en
ſuppoſant un canal de communication entre Carapatan &
Rajapur. Au reſte, je n'héſite point à dire, que les cartes
en général n'ont point acquis ſur le détail de cette côte, la
préciſion, qu'il ſemble que la fréquentation des nations de
l'Europe depuis beaucoup de temps auroit dû y mettre. On
pourroit citer une carte faite ici, où Rajapur & Ceitapur ſont
en poſition double, ou répétée deux fois ſucceſſivement.

En paſſant ſur les terres de Mollondi, & du prince de
Bonſolo, qui eſt celui avec lequel les Portugais ont été en
guerre dernièrement, nous arrivons au territoire de Goa. Je
dois le détail avec lequel il paroît dans la carte de l'Inde,
à une carte particulière qui m'eſt venue de Portugal. J'avouerai, que l'échelle de cette carte ne m'étant pas bien connue
dans ſa juſte valeur, j'ai à craindre de l'avoir eſtimée de
manière à faire prendre au terrein repréſenté dans cette carte,
plus que moins d'étendue; & l'envie de ne rien perdre
du détail que j'acquérois, en le figurant ſur la carte de
l'Inde, m'a peut-être conduit à cet excès, comme cela eſt
ordinaire, pluſtôt que de tomber dans le défaut contraire.
J'ai trouvé des indications de diſtance de l'entrée de Goa à
Vingrolen, ou Vingrela (lieu connu par un établiſſement
Hollandois) qui feroient juger cet eſpace devoir être plus
court que dans la carte de l'Inde. La carte Portugaiſe que
je cite, s'étend depuis la poſition de Neûti juſqu'au cap

Rama. Quant au territoire de Goa, il confiſte, indépendamment de l'île qui renfeime la ville, en deux cantons, que les Portugais, nonobſtant le peu que ces cantons occupent d'eſpace, qualifient de *provincias:* Bardez au nord de l'île, & Salcète au midi. Le canton de Salcète eſt repréſenté comme preſqu'île, quoique juſqu'à préſent on en ait fait une île. Les terres du prince ou roi de Sunda bornent les dépendances de Goa au ſud. Je n'ai point trouvé ſur la carte Portugaiſe le nom de Mandoa, que l'on donne communément à la rivière qui deſcend des terres pour ſe rendre à Goa; mais bien celui de *Ganges*, dénomination appellative de fleuve, comme je l'ai remarqué ailleurs; cette rivière ayant même encore cela de commun chez les Indiens avec le Gange, d'être réputée ſainte & d'avoir la vertu de purifier. Au reſte, ce Gange ne paroît pas fort conſidérable, & les lieux d'où il tire ſon origine me ſont inconnus : mais, c'eſt une erreur dans les cartes, d'en remonter le cours juſqu'à Viſapur, puiſque celui du Krishna, traverſant, comme on en eſt informé, la route de Goa à Viſapur, intercepte le paſſage.

L'île de Goa, & ſes dépendances juſqu'au fleuve Aliga, qui termine le Concan, ou la partie maritime du Décan, avoient un ſeigneur particulier, nommé Sabaï, immédiatement avant que les Portugais fiſſent la conquête de Goa. Selon Jarric, ce Sabaï étoit Sarazin, ce qui veut dire Mahométan; & cependant les hiſtoriens Portugais le qualifient de Payen, ce qui le fait de race Indienne. Idal-khan, ou Adel-khan, auquel Alfonſe d'Albuquerque enleva Goa en février 1510, & pour la ſeconde fois en novembre 1511, étoit fils de Sabaï, au dire de Jarric: au lieu que cet Adel-khan, ſelon les mêmes hiſtoriens, étoit un capitaine Turc de nation, dont le nom propre étoit Kouf, lequel partageant avec le Nizam-maluc la domination ſur cette côte, & en occupant la partie reculée vers le midi, s'étoit fait reconnoître en qualité de ſouverain par Sabaï, ſeigneur de Goa. Outre ces contrariétés hiſtoriques, on peut en remarquer une autre avec ce que j'ai rapporté ci-deſſus ſur des

mémoires

mémoires différens; favoir, que le démembrement du Décan
par l'usurpation de divers princes, notamment de Nizam-
maluc & d'Edel-shah, qui est le même qu'Adel-khan,
arriva vers le milieu du seizième siècle; tandis qu'un Adel-
khan se trouve ici exiltant dès le commencement du même
siècle. Voilà qui fait voir bien de la difficulté à débrouiller
& mettre au clair les révolutions, qui ont précédé l'état
moderne des choses en ces contrées de l'Inde. On se persuade que l'emplacement actuel de Goa ne diffère point
d'un autre plus ancien; & cependant la carte Portugaise
indique la place de *Goa velha* sur le bras méridional, qui
sépare l'île d'avec Salcète, ou celui de Murmugaõ. La
Martinière, dans son dictionnaire, exagère affurément, en
donnant à la ville de Goa une enceinte de murailles de
quatre lieues de tour. Disons plus; Mandelslo ayant vû
Goa, rapporte, que cette ville n'a ni murailles, ni portes;
& qu'il n'y a que sa situation isolée qui la mette à couvert
des insultes qu'une place ouverte peut appréhender.

La position de Goa, tant en longitude qu'en latitude,
est assujétie au résultat des observations du P. Noël, Jésuite,
dont la détermination astronomique a été adoptée par l'Académie royale des Sciences dans la Connoissance des temps.
Les notions géographiques ne pénètrent pas fort avant dans
les terres à la hauteur de Goa : & sans la description d'une
route que l'on doit à Mandelslo, de Goa à Visapur, & de
Visapur à Dabul, la Géographie seroit encore plus nue en
cette partie. Quelques dénominations de lieu que j'ai trou-
vées peu correctes sur cette route, dans ce qui m'étoit
connu du voisinage de Goa, m'en rendent plusieurs autres
suspectes. J'y ai même remarqué un défaut de plus grande
conséquence : c'est de donner pour des lieues dans le compte
des distances, ce qui, dans la réalité, ne vaut que des cosf.
Et comme la différence est de moitié, l'erreur est moins équivoque, & plus aisée à reconnoître. Selon Pietro della Valle,
que l'on doit compter parmi les voyageurs qui méritent le
plus d'estime, le nom de Visapur, pour être correct, doit

M

s'écrire *Vidhiépur.* Il prétend même, que le nom de Bifnagar eft une dépravation de *Vidianagar.* Mais, qui ofera aller contre l'ufage dans des dénominations aſſez familières, & courir le rifque que ce qui feroit correction foit pris pour faute?

La côte que nous parcourons eſt connue dans l'Antiquité fous le nom de *Limyrica.* Mais j'avoue, qu'avec beaucoup d'étude, il eſt aſſez difficile de faire aux objets actuels l'application du détail de lieux qu'on trouve, ou dans Ptolémée, ou dans l'auteur du Périple de la mer Erythrée. Immédiatement à la fuite du canton des Pirates, Ptolémée marque *Tyndis ;* & l'auteur du Périple cite pareillement ce lieu, comme un des premiers ports du pays appelé Limyrica. J'y trouve de la convenance, tant par le nom que par la fituation, avec le lieu de Danda, dont j'ai parlé. Une pofition que je voudrois avoir bien reconnue, eſt celle de *Muziris.* Cär, quoique Pline donne avis aux navigateurs commerçans dans l'Inde, d'éviter cet endroit, à cauſe du voifinage des Pirates; il paroît néanmoins, par l'auteur du Périple, que c'étoit le port le plus fréquenté de cette côte. Et vû qu'il le fait fuccéder à Tyndis fans lieu intermédiaire, & qu'il en marque même la diſtance d'environ 500 ſtades; nous ne pouvons nous écarter confidérablement, & courir jufqu'à Calicut, felon l'opinion qu'allègue le P. Hardouin, dans fes notes fur Pline. Il faut auſſi que l'abordage foit quelque lieu ifolé, pour répondre à ce que Pline remarque comme un inconvénient de ce port, que les marchandiſes ne peuvent y arriver que par un trajet, où il eſt néceſſaire d'employer des bateaux ou chaloupes. Or, je ne vois pas plus de convenance dans aucun lieu actuel de cette côte, qu'en celui de Vizindruk; & il femble que le nom de Giria, que porte un lieu fitué vis-à-vis, conſerve quelque analogie avec la dénomination de Muziris, qui n'y eſt, pour ainſi dire, que tronquée. Ce port appartenoit au roi appelé Cerobothrus, felon Ptolémée, ou comme on lit dans l'auteur du Périple, Ceprobotus, dans Pline, Celebothras. Ptolémée indique la ville royale de ce prince dans l'intérieur du pays, fous le nom de *Carura ;* ce

qui peut fe rapporter à celle dont on a actuellement quelque
connoiffance fous le nom de Kaûri, & qui, par fa fituation,
répond à peu près à la hauteur du lieu que j'eftime être Muziris.

Je crois avoir laiffé en arrière un autre port, dont Cofmas
fait mention comme d'un des principaux de cette côte, &
cité pareillement par l'auteur du Périple : c'eft Calliana.
Cofmas range ce port, dans l'ordre qu'il paroît fuivre du
nord au fud, avant Sibor, que je prends pour Siferdam :
& j'eftimerois que la pofition dont il s'agit conviendroit,
dans le voifinage & fur la baye de Bombay, à Caranja,
dont le nom peut bien être une dépravation de Caliana, par
le changement de la liquide *l* en *r,* vû que ce changement
eft particulier à la nation de l'Europe qui a le plus d'établiffemens fur cette côte, j'entends les Portugais, qui difent
branco pour *blanco, prata* pour *plata.* Mais, il y a un autre
lieu à rechercher au-delà de Muziris. C'eft *Nelcynda* dans
l'auteur du Périple, *Melcynda* dans Ptolémée, & le même
dont Pline parle fous le nom *Necanidôn,* qu'il donne pour
celui d'une nation.

Selon le Périple, Nelcynda eft un lieu fitué à environ
120 ftades de la mer, & on y arrive en remontant une
rivière, à l'embouchûre de laquelle eft un port nommé
Barace ; & cette rivière fera vrai-femblablement celle que
l'on trouve dans Ptolémée fous le nom de *Baris,* comme
l'affinité dans la dénomination invite à le croire. Une diftance à peu près pareille à celle de Tyndis à Muziris, &
d'environ 500 ftades, que le Périple indique pour arriver
au port de Nelcynda, ne fouffre pas qu'on fe tranfporte fort
au loin : & tout ce qu'on peut fe permettre, fans s'arrêter
même fcrupuleufement à une eftime de la diftance donnée,
c'eft d'atteindre Goa, qui par les avantages du local, doit
avoir figuré dans tous les temps fur cette côte. Je croirois
volontiers que le port de Barace, & l'entrée de la rivière
de Baris, eft celle du canal qui fépare le canton de *Bardez*
d'avec l'île de Goa. Et Nelcynda fera un lieu quelconque
en remontant dans le pays de Sunda, qui enveloppe Goa

M ij

vers le levant comme vers le midi. Pline rapporte que des canots d'une feule pièce de bois, *mono-xyla*, c'eft-à-dire, creufés dans un tronc d'arbre, apportoient à Barace le *Piper* du pays nommé *Cottonara*. Or, il n'y a point à fe méprendre fur ce pays, pour être le Canara, qui fournit le meilleur poivre, & qui fuccède au Concan, dont on établit communément les limites à la rivière d'Aliga, peu éloignée des dépendances de Goa. Un roi très-puiffant, appelé Pandion, que nous trouverons par la fuite avoir réfidé vers l'extrémité méridionale de la prefqu'île de l'Inde, étendoit fa domination jufqu'à Nelcynda; Pline & l'auteur du Périple s'accordant à dire, que ce lieu étoit fous l'obéiffance de ce prince. Quand on remarquera que les lieux dont on vient de faire la recherche, étoient demeurés dans l'obfcurité, la difcuffion qui fert à les en retirer fera jugée de quelque utilité.

La rivière d'Aliga fait la féparation du Concan d'avec le Canara. Les Anglois ont un établiffement à Carvar, dans le fond d'une ance qui reçoit un des bras de cette rivière. La pointe de terre qui forme cette ance eft couverte par les Anke-dives, ou cinq îles, fur la principale defquelles eft un fort Portugais, dont les fondemens furent jetés par Francifco d'Almeyda, qui partit de Lifbonne pour fon voyage de l'Inde en 1506. Le P. Vincent-Marie parle du Canara, qu'il a traverfé dans toute fa longueur, comme d'un des meilleurs & plus agréables pays de l'Inde. La partie maritime eft fort refferrée par les Gattés, dont le fommet, en quelques endroits, n'eft diftant de la côte que de quatre ou cinq lieues. Les principales places qui bordent la mer font, Onor, Barcelor & Mangalor. Abulfeda fait mention de ces places dans l'ordre qu'elles gardent entre elles. Le pays qu'il appelle Menibar, commence, felon lui, à la ville de Sendabur, fituée fur un golfe de la mer Verte; & après laquelle vient Hennur, puis Bafrur, & plus loin Mengerur. Ce que la carte fournit de détail fur cette côte, n'eft pas un des plus foibles endroits de cette carte; & le voyage que Pietro della Valle a fait en ce pays, nous inftruit de quelques circonſtances locales dans l'intérieur. En partant d'Onor, & traverſant la montagne, il s'eſt rendu à Ikkeri, capitale d'un Etat particulier, qu'un Naïk, nommé Venktapa, s'étoit formé alors (vers le commencement du ſiècle précédent) en ſe ſoulevant contre le roi de Biſnagar. Il y a tout lieu de s'étonner que la relation de Pietro della Valle étant entre les mains de tout le monde, les Géographes, dans des cartes ſpéciales de l'Inde, aient ignoré ce qu'on apprend dans ce voyageur. Selon la carte des côtes de Malabar & de Coromandel, & la copie qu'on en a faite en Allemagne, Gorcopa (liſez Garſopa) autrefois réſidence d'une princeſſe, que les Portugais appeloient *reyna da Pimenta*, ou la reine du Poivre, paroît en poſition reculée d'Onor d'environ vingt lieues marines, bien que Pietro della Valle s'en explique ainſi : *per lo fiume, contr'acqua à vela e à remi andammo, facendo circa à* tre leghe *di camino, che tanto appunto è da Onòr à Garſopà.* La ville d'Ikkeri, oubliée dans les cartes, & ſituée au-delà des Gattes, beaucoup au-delà de Garſopa, ne peut s'eſtimer diſtante d'Onor que de treize à quatorze lieues marines, ſelon le détail que le voyageur a donné de la route qu'il a ſuivie.

D'Ikkeri s'étant rendu à Barcelor, Pietro della Valle a pareillement décrit cette route; & ayant pris terre à Mangalor, il indique pluſieurs poſitions de lieu aux environs, & entre autres celle d'Olala, à quelques deux milles au midi de Mangalor, ſerrée entre le rivage de la mer & l'embouchûre d'une rivière, ayant au-devant un mur en forme de courtine, & flanqué de deux tours: *la terra* dit le voyageur, *è tutta aperta; fuor che da una banda, verſo la bocca del porto, tra un mare e l'altro, dov'è tirato un muro debole, con foſſo, e due baſtioni ne' confini, di poca conſideratione.* Eſt-ce là ce qui a donné lieu de tracer près de Mangalor, ſur la carte des côtes de Malabar & de Coromandel, une muraille d'environ vingt lieues de longueur, & qui n'eſt terminée que par le ſommet des montagnes? L'exiſtence d'une muraille ſervant de ſéparation au Canara, d'avec le royaume de Cananor, où commence le Malabar, ne paroît pas équivoque, puifque le P. Vincent-Marie en parle pour avoir vû (liv. v, chap. 3) : *vedemmo poco diftante la cinta di muro, laquale ftendendofi per due giornate, dalla montagna fin' al mare, divide quefto (regno di Canara) da quello di Cananor.* Mais, l'endroit où ce mur eft élevé, le P. Vincent l'indique près d'une fortereffe nommée Décla, qu'il faut placer à la diftance de deux journées, ou d'environ quinze lieues au-delà de Mangalor.

C'eft vers la hauteur de Mangalor, qu'en paffant les Gattes, il paroît convenable de faire fortir de ces montagnes une grande rivière, dont Barros nous donne la connoiffance. Il fait à la vérité remonter les fources de cette rivière jufqu'au parallèle de Cananor & de Calicut : mais, il femble que quelques autres rivières, qui ayant pareillement leur origine dans les Gattes, forment celle de Caveri, en fe rendant à Shiringa-patnam, capitale du Maiffur, ne permettent pas de reculer fi avant dans le fud, la naiffance de celle dont je veux parler. Elle eft appelée Nagomdii dans Barros, & je lirois volontiers Nago-nidi, parce que *Nidi* eft le terme appellatif de rivière en ce quartier de l'Inde, & le même que celui de *Nadi,* dont j'ai parlé ailleurs. Cette rivière court au nord, felon Barros, jufqu'à la hauteur de celle d'Aliga, puis décline vers le levant, & paffe fous la ville royale de Bifnagar ; d'où continuant fa route vers la mer, elle y porte fes eaux par deux embouchûres, aux environs de Mafulipatnam & de Gaudewari. On ne connoiffoit point cette rivière dans les cartes ; & ce que Barros dit de fes embouchûres convenant au Krishna, il eft évident qu'elle va joindre ce fleuve ; & je juge que c'eft la même rivière que les mémoires des Jéfuites m'ont fait marquer fous le nom de Tungé-badra, dans une carte que j'ai dreffée en 1737.

J'ai parlé de Décla comme d'une fortereffe, voifine de la muraille qui fépare le Canara d'avec le Malabar. Le nom de Malabar dans Abulfeda eft écrit *Menibar.* Dans Marc-Pol on lit *Melibar.* J'ai opinion que le terme de *Bar* en cette dénomination, défigne un pays maritime, & répond au terme Grec Παϱαλία. Selon Abulféda, le Canara feroit compris dans le Malabar : mais actuellement, ce qu'on entend par Malabar avec quelque précifion, fe renferme entre le mont Déli & le cap Comorin; & il n'y a point d'exactitude à donner le nom de côte de Malabar indiftinctement à tout ce que le rivage occidental de la prefqu'île de l'Inde a de longueur. Notre premier objet, en entrant dans le Malabar, eft une rivière, qui conduit au lieu nommé Neliceram, diftant en droite ligne de quatre lieues françoifes moins un quart, de l'entrée de cette rivière. Dans la defcription de la côte, & le dénombrement des lieux voifins de la mer, que donne Barros, je trouve Nilichilam entre le fleuve Cangerecora, où il établit les limites du Canara, & la ville de Cananor : dans le P. Vincent-Marie, il eft mention de Nelicorano, entre Cananor & la frontière du Canara à Décla. Cette fituation convient tout-à-fait à Neliceram, dont le nom n'eft pas tellement altéré dans les auteurs que je cite, qu'on ne le reconnoiffe aifément. Et ce qui met un intérêt particulier à la recherche de cette pofition, la Compagnie des Indes vient d'y former un établiffement. La rivière par laquelle on y remonte, en reçoit deux autres peu au deffus de fon embouchûre, Ramatali & Cavaye. Elle coule parallèlement à la côte, dont elle n'eft féparée que par une langue de terre étroite & déliée; & on trouve cette rivière très-fpacieufe jufqu'auprès de Neliceram, fa largeur commune étant d'environ 400 toifes : mais, le rétréciffement eft fubit au-delà de cet efpace. Le P. Vincent-Marie dit avoir paffé en ce quartier-là une rivière plus large que le Pô; & le nom de Ciegnacera, qu'on lit en fa relation, feroit croire que c'eft Cangerecora. Cependant, vû que Barros compte cinq lieues d'intervalle entre Cangerecora & le mont Déli, une pareille diftance ne peut fe rapporter à l'entrée de la rivière de Neliceram, qui n'eft éloignée du mont Déli que d'environ 3500 toifes. D'où il réfulte, que fi la rivière de Cangerecora, étant prife pour celle de Neliceram, fert de limite au Canara, c'eft en quelque partie de fon cours au deſſus de Neliceram, & en approchant de la hauteur de Décla, non à fon embouchûre. Car, les cinq lieues que l'auteur Portugais compte entre le mont Déli & Cangerecora, peuvent s'eſtimer juſqu'à 17000 toiſes, au lieu que la diftance qui m'eft connue de Neliceram à l'égard du mont Déli, n'eft que d'environ 13000.

Le mont Déli eft un lieu de remarque fur cette côte, formant une pointe par 12 degrés environ 5 minutes de latitude. Cananor, dont la diftance eft d'environ quatre lieues marines vers ſud-eft, a été obfervé par le P. Thomas, Jéſuite, à 11 degrés 58 minutes. Le nom paroît être *E'li* pluftôt que *Déli*. Abulfeda écrit *Ras-Heïli,* ou tête d'Heïli; & la diftance à l'égard de Mengerur, qu'il marque de trois journées, paroît très-convenable, d'autant que la hauteur de Mangalor eft de 13 degrés & environ 5 minutes. Dans Marc-Pol on trouve qu'un des royaumes de cette côte eft celui d'E'li ou Héli, ſuivant la différente leçon des manuſcrits. Je crois qu'on peut placer au mont d'E'li le port que Ptolémée marque fur ce rivage fous le nom d'E'λάνκον, ne connoiſſant point d'autre lieu où j'y découvre quelque rapport. La mer a creuſé une ance au midi de la faillie du promontoire, & il y a un château fur la pointe. Le royaume de Cananor eft un des plus confidérables de cette côte; & quoique le pays foit partagé en beaucoup de feigneuries ou principautés, Colaftri, roi de Cananor, a le droit de fouveraineté depuis la frontière de Canara, juſqu'à celle du Samorin, qui commence à la rivière de Cotta. Les Hollandois occupent aujourd'hui l'établiſſement que les Portugais avoient formé à Cananor, fous la vice-royauté d'Almeyda. Ce canton de l'Inde a l'avantage de produire le Cardamôme de l'eſpèce la plus eftimée.

Au-delà de Cananor eft Talicheri, où les François ont eu un comptoir, qu'ils abandonnèrent en 1682. Les Anglois y font aujourd'hui établis, & ils nous ont pour voifins dans
l'établiſſement

l'établissement que la Compagnie des Indes a fait en 1725 à Mahé, distant de Talicheri d'environ une lieue & demie. Mahé est à l'entrée d'une rivière, qui se navigue quelques lieues dans les terres, à l'aide de la marée. Les montagnes ne sont éloignées de la mer que de cinq ou six lieues; & le pays, qui est nommé Cartenattu, obéit à un seigneur appelé Bayanor, qui reconnoît le roi de Cananor pour son souverain. Avant que de passer à Calicut, il est à propos de remarquer, que plusieurs endroits de la côte, & particulièrement Cugnali, servent de retraite à des corsaires, que les petits bâtimens ont à redouter en ces parages. Il n'y avoit aucune ville qui fût aussi florissante dans le Malabar que Calicut, lorsque les Portugais y abordèrent, sous la conduite de Vasco da Gama, en 1498. Abulfeda, qui écrivoit sa géographie vers l'an 1320, a fait mention de Calicut, en écrivant Khaliat ou Shaliat, de même que de Cochin, qu'il nomme Shinki. Le Samorin, régnant à Calicut, & qui, lorsque les Portugais arrivèrent dans l'Inde, étoit reconnu comme Empereur par tous les souverains particuliers des principautés du Malabar, a perdu cette prérogative & ce degré de puissance; & le mauvais succès de ses guerres avec les Portugais, qui crurent de leur intérêt d'élever le roi de Cochin, au préjudice du Samorin, a beaucoup contribué à l'affoiblissement de celui-ci. Quant à la ville de Calicut, sa fondation est attribuée à Ceram-Perumal, qu'on dit avoir régné dans le Malabar avec autant de sagesse que de puissance, & que les Indiens ont mis au rang de leurs Divinités. L'époque que l'on cite de la fondation de cette ville, est rapportée par Scaliger à l'an 907 de l'Ere Chrétienne, & une autre opinion sur ce sujet remonte jusqu'à l'an 825. Ainsi, ce seroit anticiper sur les temps, que de rechercher Calicut dans l'ancienne Géographie. La latitude de cette ville, selon l'observation du P. Noel, est de 11 degrés 17 minutes. Les François y ont un comptoir, ainsi que les Anglois.

Au-delà de Calicut, le pays très-resserré jusque-là entre la mer & les montagnes, s'élargit considérablement, par le

N

reculement des montagnes, dont le sommet en quelques endroits s'écarte de la côte d'environ vingt lieues. Le pays voisin de la mer est fort bas, & coupé d'une infinité de canaux, formés par les rivières qui descendent des montagnes, & dont plusieurs ont une direction parallèle au rivage, avec des ouvertures à la mer de distance en distance. La représentation qu'en donne la carte de l'Inde, est tirée d'une carte particulière, que l'on doit aux Carmes-déchauffés, envoyés vérs les Chrétiens de S.ᵗ Thomas sous le pontificat d'Alexandre VII. On fait, qu'à l'arrivée des Portugais dans les Indes, on y a trouvé des Chrétiens, qui prétendoient avoir reçû la foi de l'apôtre S.ᵗ Thomas. Cette Chrétienté étoit affez nombreufe dans le Malabar, & y jouiffoit même de grands privilèges. Cofmas le folitaire, écrivain du fixième fiècle, en avoit déjà fait mention, donnant au pays le nom de Calliane, qu'il ne faut point confondre avec un port de même nom, dont j'ai parlé ailleurs. Le prélat qui gouvernoit ces Chrétiens dans le fpirituel, leur étant envoyé par le patriarche Neftorien d'Affyrie, le zèle de l'églife Romaine a cherché à profiter de l'établiffement des Portugais dans le pays, pour rendre orthodoxe cette Chrétienté; & Alexis de Menezés, archevêque de Goa, s'y employa avec ardeur dans un concile affemblé à Diamper, au centre du Malabar, en 1599. On confia alors ces nouveaux Catholiques aux foins des Jéfuites, dont la compagnie a donné fucceffivement, dans l'efpace d'environ 60 ans, quatre prélats à cette églife, qui néanmoins eft retournée à fon gouvernement eccléfiaftique précédent. La perte que les Portugais firent de Cochin en 1663, lorfqu'il leur fut enlevé par les Hollandois, ôta tout efpoir aux miffionnaires Carmes de voir quelque fruit de leurs travaux. L'ancienne réfidence des prélats du Malabar à Angamalé, avoit été transférée à Cranganor, décorée du titre Archiépifcopal.

Le Malabar eft partagé en un grand nombre de principautés particulières, qualifiées de royaumes, & qui par leur fituation reculée, & défendue en même temps par les Gattes, n'ont point subi le joug du Mogol, comme les Etats renfermés également dans la Presqu'île. Tous les princes Malabares font Gentils, & plusieurs d'entre eux font même Brahmènes de race. Cochin eft la ville de cette côte la plus considérable, & les Hollandois lui ont donné une enceinte de murailles. Sa latitude, obfervée par le P. Thomas, eft de 9 degrés 58 minutes. Je néglige ici des lieux de moindre confidération, pour paffer à Coulan ou Kaulem, felon que ce nom eft écrit dans Abulfeda. Cette ville y eft citée comme la dernière du pays, que les Arabes appellent la région du poivre. Elle prévaloit autrefois fur toutes les autres villes du même pays. Sa fondation fert d'époque à l'Ere commune du Malabar, & cette époque tombe à l'an 822 de l'Ere Chrétienne. Marc-Pol fait mention de Coilum comme d'un royaume. Les Hollandois prirent établiffement à Coulan en 1661. Aninga, qu'en continuant de fuivre la côte, on rencontre à quelques lieues par-delà Coulan, eft occupé par les Anglois, qui y ont un fort. Ce qui refte d'efpace jufqu'au cap Comorin, compofe le royaume de Travancor, fur la côte duquel, dans le lieu nommé Coleshei, la Compagnie des Indes s'eft établie depuis quelques années.

L'ancienne Géographie devient très-fuccinte en cette partie de l'Inde. Ptolémée ayant ignoré le gifement de toute cette longueur de côte, qui aboutit au cap Comorin, que l'on reconnoît dans ce cofmographe par le nom de *Comaria;* il a rangé en longitude, ou à peu près fur le même parallèle, l'efpace qui court bien plus fenfiblement en latitude qu'autrement. Et la partie plus reculée de cet efpace, où fes connoiffances diminuoient par l'éloignement, n'occupe que peu d'étendue, & fe borne à l'indication d'un peuple, fous le nom d'Aii, A'*ιοι,* auquel une ville nommée *Cottiara* eft donnée pour capitale. Je me perfuade que le nom du peuple fe retrouve dans Marc-Pol, en ce qu'il appelle royaume de *Laë,* près duquel il fait mention de celui de Coilum, qui eft Coulan. La manière dont ce nom eft lû dans Marc-Pol, ne differe de la dénomination qu'on lit dans Ptolémée, que par la jonction de l'article antécédent; ce qui n'eft pas plus étrange, que de voir le pronom poffeffif joint à Eli, dans ce qu'on appelle aujourd'hui mont Déli. On allégue-roit beaucoup d'exemples d'un cas pareil, dans des noms ou des termes, dont l'identité ne fouffre point de doute. Quant à Cottiara, fans déférer à l'une des villes qui figurent le plus aujourd'hui pluftôt qu'à l'autre, on peut conjecturer qu'elle exiftoit dans le lieu nommé *Ai-cotta*, dont la fitua-tion eft des plus avantageufes fur cette côte, à l'entrée de la rivière de Cranganor; & qui par fon nom, compofé de deux mots, paroît conferver également, & le nom du peuple, & celui de la ville. *Cot* ou *Cut*, *Cotta* ou *Cottey*, eft un terme Indien, défignant un lieu fermé ou fortifié.

Avant que de terminer cette fection, par ce que j'ai à dire du cap Comorin, je m'expliquerai en peu de mots fur les Laque-dives, femées en haute mer, entre le parallèle de Cochin & celui de Mangalor. Je les ai tirées d'une carte que j'ai manufcrite, accompagnée d'une table qui marque la latitude de chacune de ces îles, leur diftance entre elles, & avec la côte du continent qui leur eft oppofée. Je tiens cette carte d'une perfonne qui revenoit de l'Inde; & j'ai appris qu'elle étoit l'ouvrage d'un pilote de l'île Kalipini, qui eft du nombre des Laque-dives, & qu'elle avoit été dreffée en 1717. Ces circonftances font propres à donner une idée favorable de la carte; & il eft conftant qu'elle repréfente ces îles, dans leur nombre, leur fituation & déno-mination, fort différemment de toute autre carte. J'ajoûterai quelque chofe fur les Mal-dives, dont les plus élevées vers le nord fe montrent dans la carte de l'Inde; mais qui font comprifes en totalité dans la première partie de la carte d'Afie que j'ai publiée. Une carte particulière, qui a réfulté des obfervations faites en plufieurs voyages confécutifs à ces îles, me les a fournies. Et ce que j'y ai remarqué de plus fingulier, en même temps que pofitif, c'eft que cette fuite d'îles, que les cartes antérieures prolongeoient de manière à paſſer juſque dans l'hémiſphère auſtral, en les faiſant couper par la Ligne, n'atteint pas même la Ligne; & il s'en faut plus d'un degré que Sua-diva, ou ce qui eſt plus reculé dans les Mal-dives, ne ſoit ſous la Ligne. Ptolémée paroît avoir connu les Mal-dives, lorſqu'il dit qu'au devant de Taprobane, il y a une grande quantité d'îles, dont on faiſoit monter le nombre à 1378. Il ne doit pas être queſtion d'examiner, comment Ptolémée diſtribue celles dont il fait mention en particulier : nous voyons que la manière de figurer les Mal-dives demandoit de nos jours une très-grande réforme.

Je reviens au continent, pour paſſer au cap Comorin. La côte de Travancor qui y conduit, prend plus de l'eſt & de l'oueſt dans ſon giſement, que les cartes n'avoient marqué précédemment, ſi on excepte celle de M. Daprès. Les Portugais ſont en grande erreur ſur ce point; & Pimentel ne marquant qu'un tiers de degré de longitude entre Coulam & le Cap, lorſqu'il fait la différence de latitude d'un degré 5 minutes, l'aire de vent qui en réſulte s'écarte d'environ 30 degrés de celui qui eſt propre à la carte de l'Inde. En général, j'ai donné à toute l'étendue de côte que nous venons de parcourir, plus d'obliquité, en chaſſant dans l'eſt, que n'en donnent les Portugais. Selon la table de Pimentel, Goa n'eſt que d'un ſeul degré de longitude plus oriental que Surate; & entre Goa & Coulam, cette table ne fournit pas deux degrés complets.

La diverſité que j'ai remarquée ſur la latitude du cap Comorin, demande quelque diſcuſſion. Dans le Pilote Anglois, elle eſt de 7 degrés 50 minutes; & une grande carte manuſcrite que j'ai de la côte de Malabar, y eſt conforme. La table de Pimentel indique pareillement cette latitude. Je trouve deux obſervations; l'une du P. Thomas, faite ſur un tertre qui s'élève ſur le cap même, & qui porte un temple Indien; l'autre par le P. Bouchet, ſur la baſſe terre, & au pied de la montagne. La première indique 8 degrés 5 minutes, la ſeconde 7 degrés 58 minutes. Le premier obſervateur a conclu de ce que les pilotes trouvent la hauteur de 8 degrés, que leur obſervation devoit être faite en mer fort au large; d'où l'on doit inférer, que la poſition du P. Thomas ſur le continent devoit être beaucoup plus voiſine du rivage, & aſſez voiſine pour n'en pas tenir compte, & ne la pas juger (peut-être) valoir une minute. De manière qu'en prenant un lieu moyen dans l'intervalle des deux indications, on conclura 8 degrés & quelque choſe de plus. La délicateſſe d'une pareille diſcuſſion eſt, ce ſemble, bien placée à l'égard d'un lieu auſſi remarquable que le cap Comorin. C'eſt le point de diviſion le plus naturel, & que je me ſuis propoſé de prendre dans la partie méridionale de l'Inde.

SECTION IV.

De la partie maritime de l'Inde, depuis le Cap Comorin jusqu'au Gange.

DU Cap Comorin la côte court à est-nord-est jusqu'à la pointe de Manapar, & la carte de l'Inde donne à cet espace environ 17 lieues marines. Il y a des cartes qui s'étendent jusqu'à 19: mais, c'est en donnant trop de largeur en général à la Presqu'île, comme je le remarquerai par la suite; & une carte Hollandoise de cette côte, & fort circonstanciée, admet à peine 15 des mêmes lieues, & se borne à 11 lieues de 15 au degré. De Manapar, la côte court au nord, 13 ou 14 degrés est, jusqu'à Vaipar, dans un espace sur lequel toutes les cartes sont à peu près d'accord à 15 lieues marines. Tutucurin, ou Tuticurin, qui est le lieu de cette côte le plus considérable, a été observé par le P. Noël, à 8 degrés 49 minutes de latitude. De Vaipar à la pointe du continent, qui n'est séparée de l'île de Ramanan-koil que par un canal étroit, la côte court à l'est 15 ou 16 degrés nord, & l'intervalle est à peu près le même que le précédent de Manapar à Vaipar, & ne l'excède pas sensiblement. Il en faut croire les cartes dressées par les Hollandois, qui ont plusieurs établissemens sur cette côte, préférablement aux cartes, qui ayant le défaut dont j'ai parlé sur la largeur de la Presqu'île, ont dilaté l'espace dont il s'agit en dernier lieu jusqu'à 20 lieues marines. Ainsi, du cap Comorin à la pointe de terre ferme près de Ramanan-koil, l'espace en droite ligne ne paroît valoir que 42 lieues marines, bien qu'il y ait des cartes qui l'étendent jusqu'à 48 pour le moins. Les cartes Hollandoises n'en fournissent pas 40 bien complètes.

La côte que nous venons de parcourir est ce qu'on appelle *Côte de la Pêcherie,* qui est celle des perles les plus eſtimées de l'Orient. La courbure de cette côte depuis Manapar juſqu'à Ramanan-koil, forme un golfe, que l'on reconnoît dans Ptolémée ſous le nom de *Colchicus*, tiré d'un port qu'il place ſur ce golfe avec le nom de *Colchi*, que je me flatte de retrouver dans celui de Kilkar, lieu exiſtant entre Vaipar & Ramanan-koil. Un autre lieu, que Ptolémée place en-deçà de Colchi, ſous le nom de *Soſicure*, doit être pris pour Tuticurin. Ptolémée ôte toute équivoque ſur l'application que nous faiſons du golfe de Colchi, en y rapportant *Colymbeſun Pinnici*, ou la pêche du coquillage, dont ſe tirent les perles.

L'île dont le nom eſt Ramé-ſuram, & communément Ramanan-koil, ou du temple de Ramana, termine le golfe, & répond à celle que Ptolémée nomme *Cory*, dont il applique pareillement la dénomination au promontoire du continent, voiſin de cette île. Mais, c'eſt mal-à-propos, à mon avis, qu'il joint au nom de Cory, comme propre à ce promontoire, celui de *Calligicum*, qui me paroît devoir ſe rapporter au cap Calla-medu, dont les navigateurs ont corrompu le nom en celui de Cagliamera, ou même Cagnamere. Au-delà de Ramanan-koil, il ſe forme un ſecond golfe, que Ptolémée diſtingue bien ſous le nom d'*Argaricus*; & ce golfe étant terminé par le cap Calla-medu, Ptolémée ne donne vrai-ſemblablement deux noms pour un au promontoire antérieur, que parce qu'il confond le ſecond promontoire avec le premier. Méla fait mention d'un promontoire ſous le nom de *Colis*, comme de l'endroit de l'Inde, où à l'égard du Gange, la côte commence à faire face au midi. Denys Periégète parle du même cap, le diſant ſitué vis-à-vis de la Taprobane. Or, ce nom *Colis*, repréſente aſſez le terme Indien *Koil*. Ce terme déſigne un temple, comme en effet il s'en trouve un très-célèbre dans l'île adjacente au promontoire que Ptolémée nomme Cory: & vû que l'île exiſte également dans Ptolémée, il faut donc que Colis & Cory ſe rapportent à un ſeul & même endroit ſur cette côte. Bochart (*Chanaan, lib. 1, cap. 46*) & le P. Hardouin

dans

dans ſes notes ſur Pline, ont pris le promontoire Cory de
Ptolémée, pour le cap Comorin, par une erreur d'autant
plus ſurprenante, qu'il eſt aiſé de reconnoître Comorin dans
Ptolémée même, ſous le nom de Comaria. Bochart ajoûte
à cette mépriſe, celle de rapporter la poſition de Colchi à
la ville de Cochin, éloignée d'environ cent lieues du lieu
qui lui convient.

Le pays dont nous venons de parcourir la côte depuis le
cap Comorin, eſt celui de Maduré; & le Marava, qui lui
eſt contigu, en eſt une ancienne dépendance. Tout ce que
la carte fournit de détail dans les terres ſur ce pays, eſt dû
à une carte particulière des R R. P P. Jéſuites, dont j'ai
déjà fait uſage dans celle que je dreſſai en 1737, pour le
recueil XXIII des Lettres édifiantes. Cette contrée portoit
autrefois, dans une très-grande étendue, ſelon les mémoires
des Indiens, le nom de *Pandi-mandalam,* ou de royaume
de Pandi. Ptolémée nous indique en effet le pays de *Pandion,* en cette même partie de l'Inde; & la réſidence du
monarque qui portoit ce titre, il la nomme *Modura,* comme
on ſait que la capitale du pays ſe nomme Maduré. Quoique
les ſouverains d'à préſent faſſent leur demeure plus ordinaire
dans une place ſituée au nord de leur E'tat, près du fleuve
Caveri, & dont le nom eſt Tiru-shira-pali, ils ont conſervé
l'uſage de ſe faire inaugurer dans l'ancienne capitale, qui eſt
Maduré. Ces princes, en montant ſur le trône, prennent
tous ſucceſſivement le nom d'Ielné-Var; qui peut ſervir à
reconnoître un des royaumes dont Marc-Pol fait mention ſur
cette côte. Selon cet auteur, le pays du continent qui fait
face à l'île de Ceilan, eſt *Maabar,* ou la grande Inde; &
cette interprétation de Marc-Pol eſt d'autant plus juſte, que
maha eſt un terme Indien, & propre même à quelques
langues Scythiques ou Tartares, pour ſignifier *grand.* Ainſi,
Maa-bar ſignifie la grande région. Dans Abulfeda on lit
Môbar ou Mâbar. Car, diviſant l'Inde en trois contrées,
Gezrat, Menibar & Mâbar; il dit que cette dernière commence à environ trois journées au-delà de Kaulem (ou de

O

Coulan) ce qui conduit évidemment au cap Comorin, où commence le Maduré. Ce pays de Maabar est dominé par cinq rois, au dire de Marc-Pol, dont le premier est celui de *Var*, sur la côte duquel se fait la pêche des Perles, de laquelle ce prince s'attribue le dixième. Cette circonstance ne pouvant convenir qu'au Maduré, le nom de Var, que l'auteur donne au royaume, peut en même temps se rapporter au titre que l'on voit être propre aux souverains du pays. Dans les histoires Chinoises, il est mention de Mabar, & ce nom y est écrit *Ma-pa-eul*, selon la manière Chinoise de diviser les mots en monosyllabes, & de remplacer le *b* par un *p*, & l'*r*, que les Chinois connoissent encore moins, par une *l*. Mais, ce pays ne doit point être transporté sur la côte de Surate & de Goa, comme il est marqué dans une note de l'histoire de la dynastie des Mongous, *p. 212;* ce que j'observe, sans préjudice d'une très-grande estime pour l'auteur, auquel le public est redevable de cette histoire.

Ici, je quitterai le continent de l'Inde, pour parler de l'île de Ceilan. Elle n'est distante du cap Calla-medu que d'environ dix lieues; & l'éloignement n'est guère plus grand entre Ramanan-koil & la pointe de Manar, qui n'est séparée de Ceilan que par un canal étroit; & on sait qu'en cet intervalle de Ramanan-koil à Manar, il règne un bas fond, qui est appelé le pont d'Adam. L'île de Ceilan est renfermée dans 3 degrés 50 minutes de latitude, depuis celle de 5 degrés 50 & quelques minutes, où est la pointe de Dondere, jusqu'à 9 degrés environ 43 minutes, vers la pointe *das Pedras*, ou des pierres, que les cartes ont poussée jusqu'au parallèle de 10 degrés. M. Daprès, dans son routier de l'Inde, fixe l'aire de vent du cap Comorin à Ponto-Gale ou Ponta de Gale, le sud-sud-est quart d'est 3 degrés sud, & il conclud la distance de 68 lieues. La carte de l'Inde en fournit 70, ce qui vient de ce que le cap Comorin y est de quelques minutes plus nord que dans M. Daprès. Et cette distance s'admet, nonobstant que la côte du continent entre Comorin & Ramanan-koil soit moins prolongée; ce

qui eſt un effet du giſement de la côte occidentale de
Ceilan. Il y a des cartes de cette île, qui bien qu'à plus
grand point que la carte de l'Inde, ſont moins circonſtanciées,
ſur-tout dans la partie maritime. Le détail des terres de
Candi-uda, au centre de l'île, eſt tiré de Robert Knox,
Anglois, qui a joint une carte à ſa relation. Mon deſſein
n'eſt point d'entrer dans les particularités du local, que la
carte exprime ſur des notions plus poſitives qu'en beaucoup
d'autres parties de l'Inde. Je me bornerai, quant à la repré-
ſentation géographique, à faire remarquer, que la forme de
cette île diffère aſſez ſenſiblement des autres cartes, qui
renflent davantage cette terre dans ſa partie méridionale. Ce
défaut eſt conſtamment le plus ordinaire des cartes. A meſure que les objets s'y dégroſſiſſent, ils perdent preſque
toujours ſur l'étendue, qu'une première eſtime, qui n'étoit
pas aſſez rigoureuſe, leur avoit attribuée. Cette obſervation
doit rendre retenus ceux, qui dans la compoſition des cartes
ne ſont pas fixés par des notions préciſes de la valeur des
eſpaces.

On n'ignore point, que les Hollandois ont enlevé les
établiſſemens de Ceilan aux Portugais. Pour ſe conſerver,
excluſivement à toute autre nation de l'Europe, les richeſſes
qui ſont particulières à cette île, & ſur-tout le commerce
de la canelle; ils ont occupé par différentes places, & par
des forts ou lieux retranchés, les endroits de la côte où ils
pouvoient appréhender qu'on vînt aborder & s'établir. On
parloit autrefois de différens royaumes dans l'étendue de l'île.
Celui de Cotta étoit conſidérable, en ce qu'il renfermoit le
canton du ſud-oueſt, où ſont les canelliers, & que les Hollandois pour cette raiſon appellent Canel-land. Quelques
veſtiges de la capitale, dont le royaume tiroit ſon nom,
ſubſiſtent à une petite diſtance de Colombo, qui eſt la première des places de la côte. Aujourd'hui on ne connoît en
Ceilan qu'un royaume, lequel conſiſte principalement dans ce
qu'on appelle *Candi-uda*, ou le haut pays, qui eſt l'intérieur
de l'île. On diſtingue dans la partie ſeptentrionale, qui eſt

plate & moins habitée, une nation iſſue des Malabares ou du continent voiſin, d'avec les anciens inſulaires, qui ſont appelés *Singalas* ou *Chingulais*. Je ſuis ſurpris que quelques Savans aient pû douter, vû la ſituation que Ptolémée donne à la *Taprobane,* que cette île ne fût pas Ceilan. En ſuppoſant que le promontoire Cory, auquel Ptolémée oppoſe en termes formels, ἀντίκειται, & à une très-petite diſtance, le *Boreum promontorium,* ou la pointe du nord de Taprobane, ne fût pas auſſi facile à reconnoître que le Comaria; le voiſinage de celui-ci, & de la pêcherie des Perles, dont Ptolémée fait mention dans le golfe Colchique, ſuffiſoit pour qu'on prît ſur ce ſujet une opinion plus convenable, que celle qui va chercher Sumatra, pour en faire la Taprobane. Un autre point de convenance qui étoit à remarquer, c'eſt que Ptolémée indique préciſément Ceilan par ſon nom, lorſqu'il dit qu'un autre nom que celui de Taprobane, étoit *Salice,* & celui des habitans *Salæ.* Car, en cette dénomination il eſt aiſé d'apercevoir le nom de *Selen-dive,* duquel dérive celui de Ceilan, que l'uſage a établi parmi nous, & dont il ne differe eſſentiellement que par la ſuppreſſion du terme Indien, qui déſigne une île. Dans les écrivains Mahométans on lit communément *Serendib* pour *Selendib:* mais, on doit ſavoir, que la mutation de *l* en *r* eſt une des plus autoriſées par l'uſage. Coſmas, qui traite de Ceilan dans un chapitre particulier, écrit *Sielediba:* c'eſt ainſi, dit-il, que les Indiens nomment cette île, que les Grecs appellent Taprobane. Quant au nom de *Simundi* ou *Palæ-Simundi,* que pluſieurs auteurs de l'Antiquité diſent avoir été propre à la Taprobane, on n'en découvre aucunes traces ſubſiſtantes, non plus que de celui de Taprobane.

Ce qui paroît avoir le plus répugné à prendre la Taprobane pour Ceilan, c'eſt la grande étendue que Ptolémée donne à cette île. L'Antiquité avoit en général une idée fort exagérée de cette étendue. Hipparque, au rapport de Méla, faiſoit de Taprobane la partie la plus avancée d'une ſeconde terre; *primam partem orbis alterius.* Selon Pline, on

étoit redevable au fiècle d'Alexandre, & à l'expédition de
ce prince, de favoir, que Taprobane étoit une île, pluftôt
qu'un autre monde, habité par les *Antichthones*, ou par les
hommes de l'Hémi-fphère oppofé à celui que nous habitons.
Ne foyons donc pas furpris, que Ptolémée, qui en général
donne plus d'efpace aux pays qu'ils n'en occupent, ait fait la
Taprobane beaucoup trop grande. Il ne faut point recourir
à des hypothèfes hardies & téméraires, par lefquelles il ne
coûte rien de fuppofer, que des terres ont été en très-grande
partie fubmergées. On a allégué que la côte de Ceilan étoit
mangée par les vagues de la mer: mais, comme c'eft vers
le nord de l'île que l'on fixe cet accident, l'île n'en a pas
reçû une très-grande diminution, proportionnément à ce qui
exifte d'étendue, puifque le canal de mer qui la fépare du
continent de l'Inde, n'eft que d'environ dix lieues de ce
côté-là.

J'avoue que Ptolémée, en donnant 15 degrés de latitude
à l'étendue de la Taprobane, favoir, 12 & demi en-deçà
de la Ligne, & 2 & demi par-delà, excède la mefure d'efpace
fort au-delà de ce qui lui eft ordinaire. Mais, je crois avoir
découvert la fource de fon erreur. Strabon, *liv. xv*, nous
apprend, qu'Eratofthène avoit évalué la longueur de cette
terre à 8000 ftades, ὀκτάκις χιλίων. Pline, *liv. vi*, réduit
la mefure d'Eratofthène à 7000 ftades, en quoi il a été
copié par Solin, & fuivi par Marcien d'Héraclée, & par
Élien. En prenant le milieu des deux nombres, on aura
7500. Or, le principe de Ptolémée, comme il s'en explique
dans fes prolégomènes, eft de prendre 500 ftades pour un
degré; &, felon ce principe, il eft clair, que faute de faire
diftinction d'un ftade à un autre, les 7500 ont produit chez
lui les 15 degrés de latitude, qu'il donne à la Taprobane.
Mais, pourquoi Eratofthène attribuoit-il fept à huit mille
ftades à l'étendue de Ceilan, qui n'eft en droite ligne que
d'environ quatre degrés, puifque, felon l'efpèce de ftade la
plus courte, ou de 1000 à 1100 par degré, les fept à huit
mille font environ fept degrés? C'eft qu'on avoit de cette

étendue une idée qui furpaffoit la réalité. Cofmas, poftérieur à Eratofthène d'environ 8 0 0 ans, n'en donne pas une idée fort précife, en difant, quoique fur le rapport des gens du pays, que Taprobane a 3 0 0 de ce qu'il appelle *gaudia*, d'étendue en largeur comme en longueur, & neuf cens milles de circuit. Onéficrite, premier pilote dans la flotte d'Alexandre, marquoit, au rapport de Strabon, l'étendue de la Taprobane de 5 0 0 0 ftades, fans fpécifier en quel fens; de longueur pluftôt que de largeur. Mais, je remarque, que fi la longueur doit s'entendre, comme il eft plus vrai-femblable qu'on en ait eu connoiffance, de l'arc que décrit la côte de Ceilan, les 5 0 0 0 ftades fe retrouveront depuis la pointe de Dondere jufqu'à celle des Pierres; & même affez également fur chacun des côtés de l'île, de manière que le circuit entier fourniffe le double, ou 1 0 0 0 0 ftades. La corde de cet arc fe mefure enfuite de 4 0 0 0 ftades plus que moins, dont il réfulte, à raifon de 1 0 5 0 ftades par degré, à peu près quatre degrés, qui eft l'étendue convenable à Ceilan. Par cette analyfe il devient évident, que la mefure d'Onéficrite auroit dû être préférée à celle d'Eratofthène. En convenant même que les notions des Anciens ne fuffifoient pas pour faire une telle diftinction entre l'arc & la corde de cette mefure, que celle qui vient d'être faite; il demeure néanmoins pour conftant, que l'étendue de la Taprobane n'auroit pas été autant exagérée qu'on la trouve.

Dans le détail que Ptolémée donne de la Taprobane, on reconnoît différens lieux en particulier. La principale rivière de Ceilan eft celle de Mowil-Ganga, qui fortant des hautes montagnes du centre de l'île, fe rend dans la mer par la baye de Trinkili-malé, à l'endroit de la côte qui regarde le nord-eft. Or, nous trouvons une rivière dénommée *Ganges* dans Ptolémée, & dont l'embouchûre eft marquée très-convenablement au local actuel. J'y trouve même un point de convenance, qu'il n'eft pas indifférent d'obferver; favoir, que la hauteur de cette embouchûre eft marquée par Ptolémée au tiers, un peu plus que moins, de l'étendue de l'île prife du nord au fud, en quoi il y a une fingulière conformité avec ce que la repréfentation de Ceilan, telle que nous la poffédons aujourd'hui, indique précifément. Le mont *Malea*, que la carte dreffée fur Ptolémée, figure aux deux tiers de l'île, convient également en cette pofition à celle des montagnes de l'île les plus élevées, & entre lef-quelles on diftingue en particulier celle qui eft appelée le *Pic d'Adam.* Car, cette montagne eft à peu près au tiers de l'étendue de l'île, prife du fud au nord. Ces convenances de pofition dans la Taprobane de Ptolémée, par une juftelfe de proportion avec ce qu'on trouve exiftant, eft bien une preuve que cette Taprobane ne pêche effentiellement que par l'excès d'étendue que lui donne la graduation de Pto-lémée; & tirons de-là cette conféquence, que fi l'étendue de Ceilan ne répond pas à beaucoup près, à celle de Taprobane dans Ptolémée, ce n'eft pas que Taprobane ait fouffert une telle diminution, qu'elle foit réduite à un quinzième de ce qu'elle étoit. Car, c'eft la proportion que ce que Ptolémée attribue de latitude à Taprobane, lui donne avec ce que Ceilan en occupe dans la réalité.

Je reconnois dans le nom de *Malea*, par lequel Ptolémée défigne les principales montagnes de Ceilan, un terme ap-pellatif, ufité dans la partie méridionale de la prefqu'île de l'Inde, pour défigner des montagnes en général; *Malé* ou *Mallé.* Le Pic d'Adam eft connu fpécialement des géogra-phes Arabes, fous le nom de Rahon : & l'opinion que la plante du pied de l'auteur du genre humain fe trouve impri-mée fur le fommet de la montagne, eft antérieure aux navigations des Européens dans les Indes, puifque des écri-vains Mahométans de plus ancienne date, comme eft la relation publiée par l'abbé Renaudot, en font mention. Abulfeda dit même, que c'eft en ce lieu précifément qu'A-dam fut defobéiffant aux ordres du Créateur. Entre Malea & la côte méridionale de l'île, Ptolémée marquant les pacages des éléphans, c'eft en effet là, que fur une belle carte Hollandoife, qui m'a été très-utile pour le détail de l'île, la chasse des éléphans est indiquée : *Geyrreweys of élyphans van-plaets.* Dans cette même partie méridionale, le nom d'une nation, qui est *Bocani*, & celui d'une ville appelée *Bocana*, se retrouvent dans le nom d'une rivière du même canton précisément, savoir, *ko-Bokan-oye* ou *wei.* Cette addition de *wei* n'est autre chose, que le terme appellatif de rivière dans la langue Singulaise. *Dana* ou *Dagana*, dont il est mention comme d'une ville consacrée à la Lune, & placée au milieu de l'étendue que la côte de l'île occupe dans la partie du sud, convient parfaitement à la position d'une pagode célèbre, existante sous le nom de Tanawar. Ne sachant point quel est l'objet du culte en cette pagode, je n'appuierai point la convenance de lieu par celle de la Divinité. Plusieurs autres lieux dans la Taprobane de Ptolémée, indiquent d'autres Divinités sous des noms propres à l'antiquité Grecque; de Jupiter, du Soleil, de Dionysius ou Bacchus, de Priape, duquel on sait que le paganisme Indien a étrangement sali ses mystères.

Mais, une position principale à retrouver, c'est celle de la ville royale, que Ptolémée place sous le nom d'*Anurogrammum*, à une hauteur un peu plus élevée que celle de l'embouchûre du fleuve *Ganges*, ou Mowil-ganga. Or, toutes les circonstances, savoir, le nom du lieu, sa position, le souvenir même de son ancienne dignité, se retrouvent dans *Anurodgurro*, ville aujourd'hui ruinée, mais sur la magnificence de laquelle, selon que cette ville existoit autrefois, les gens du pays content des merveilles. Ptolémée fait mention d'une autre ville en qualité de capitale, vers la source du Ganga, & la nomme *Maagrammum*, selon la leçon du manuscrit Palatin. On peut croire que la première partie de ce nom, lequel est évidemment composé de deux mots, puisque la dernière lui est commune avec un autre nom, est le *Maha* Indien, qui signifie grand. Le terme de *Nuwar* ou *Neûr*, désignant une ville dans la langue actuelle des insulaires, n'a aucun rapport quant au son, avec la dernière partie des noms d'Anurogramm, & de Maagramm : j'ignore

s'il

s'il y en a dans la signification. La position de Maagramm
vers la partie supérieure du Ganga, & au pied des montagnes,
selon la carte de Ptolémée, pourroit se rapporter à la capitale, connue aujourd'hui sous le nom de Candi. Je ne puis
déférer à l'opinion de l'abbé le Grand, qui dans un préli-
minaire à sa traduction de l'histoire Portugaise de Ribeiro,
veut qu'une position que Ptolémée fixe sur le rivage de
l'île, sous le nom de *Sindocanda*, soit Candi. Quand on
veut faire de pareilles applications, il faut que la convenance
de situation prévale sur tout autre indice apparent, ou ne
lui soit point contraire. Cet abbé ne s'est pas expliqué fort
exactement en plusieurs endroits de l'écrit que je cite. De
la manière dont il parle de la connoissance qu'on eut de
Ceilan du temps d'Alexandre, il paroîtroit qu'il a cru, que
ce prince avoit envoyé Néarque à la découverte de nouvelles terres, bien que la commission de cet amiral, & non
pilote, comme il est qualifié par l'abbé le Grand, n'eût
d'autre objet que de conduire la flotte d'Alexandre de l'Indus
dans l'Euphrate. En disant que les journaux de Néarque &
d'Onésicrite sont perdus, il a ignoré apparemment que celui
de Néarque subsiste dans le livre d'Arrien, qui a pour titre
Ἰνδικά.

Il ne faut point quitter Ceilan, sans examiner ce que
Pline en dit de particulier, & dont les circonstances ne se
retrouvent point dans Ptolémée, ce qui a induit quelques
Savans à imaginer une autre île que la Taprobane de ce
cosmographe. L'affranchi d'un Romain, qui avoit pris à
ferme les droits de traite sur la mer Rouge, naviguant sur
les côtes d'Arabie, fut jeté par un coup de vent soufflant de
la bande du nord jusqu'en Taprobane, dont le roi, sur ce
qu'il apprit alors des Romains, envoya une ambassade à l'empereur Claude. On fut informé par cette voie, que la ville
qui dominoit alors sur toutes les autres, & nommée *Pale-
simund*, avoit son port tout joignant, & situé au midi;
*portum contra meridiem adpositum oppido Palæsimundo, omnium
ibi clarissimo:* qu'au dessus étoit un lac appelé *Megisba*, auquel

la relation attribuant trois cens foixante-quinze milles de circonférence, il en réfulte une étendue qu'il fera difficile d'admettre : que de ce lac fortoient deux rivières; l'une près de la ville & dans fon port, par trois embouchûres, dont la plus étroite avoit 5 ftades de largeur, & la plus large 15: que l'autre rivière prenoit fon cours vers le nord, & du côté qui regarde le continent de l'Inde. J'avouerai qu'il m'a d'abord paru très-difficile de faire l'application de ces diverfes circonftances : je crois pourtant avoir reconnu ce qui y convient, exclufivement à tout autre endroit, dans le local de Ceilan. Je n'ai point vû d'autre lac qui pût entrer en comparaifon, que celui qui fe prolonge depuis Jafana-patnam jufqu'à Molo-dive, où ayant une ouverture dans la mer, il fait de la pointe feptentrionale de Ceilan une île particulière. Sa longueur s'évalue 18 à 19 lieues françoifes: & vû que Ceilan ne renferme aucun lac qui réponde à l'étendue que les nombres de Pline paroîtroient demander, ce n'eft pas ce qui peut faire rejeter le lac de Jafana-patnam. Ce lac débouche dans la mer fous Jafana-patnam, à la rencontre de plufieurs îles, féparées entre elles par différens canaux, qui ayant plus de longueur que de largeur, repréfentent les diverfes embouchûres de l'une des iffues du lac, qui eft traitée de rivière dans la relation. L'autre rivière, fortant du même lac, & dirigée vers le nord, nous eft donnée par le local de la manière la moins équivoque, dans une partie détachée du lac de Jafana-patnam, & qui a fon ouverture dans la mer fur la côte feptentrionale de l'île, près du lieu nommé Tondé-manar. Enfin, pour ne rien omettre de ce qui peut marquer la convenance, le port de Jafana-patnam git à fon midi. De forte que la ville de Jafana-patnam, qui a été capitale d'un royaume en Ceilan, ou quelque lieu du voifinage, dèvient l'emplacement propre à la ville de Paléfimund. Et je tiens qu'il faut rejeter la narration de Pline, fi l'application qu'on vient d'en faire fouffre quelque difficulté. On ne peut néanmoins s'écarter de Ceilan fur ce fujet, & porter ailleurs fes yeux. Outre que le nom de Paléfimund, qui eft un de ceux de la Taprobane, nous y fixe; Pline ajoûte à sa narration, que près de-là est le promontoire de l'Inde appelé *Coliacum,* qui est bien le même que *Colis* dans Méla, & dans Denys-Periégète. Le rapport est d'autant moins équivoque, que l'île du Soleil, indiquée en même temps par Pline, dans l'intervalle de Paléfimund au continent, ne sauroit être que celle, qui dans Ptolémée porte le même nom de *Cory* que le promontoire voisin, & qui se reconnoît en celle de Ramanan-koil, consacrée à une divinité quelconque. Pline étoit à la vérité loin de la précision, en marquant quatre journées de traverse entre Paléfimund & la terre de l'Inde : mais, l'exagération sur ce point avoit été bien plus loin, s'il est vrai, comme le rapporte Strabon, qu'on eût jugé Taprobane dans un éloignement de vingt journées. Au reste, j'aurois tranché plus court sur tout ce détail de discussion concernant Ceilan, si j'en avois trouvé quelque chose dans ceux qui avant moi ont traité de cette île célèbre. La considération de n'intéresser vrai-semblablement qu'un petit nombre de lecteurs, n'a point dû me porter à négliger des recherches, dont la Géographie tire de nouvelles lumières.

Je reviens au continent de l'Inde. Le Marava, qui fait face à la partie du nord de Ceilan, a son Naïk, ou prince particulier, qui fait sa résidence à Ramananda-buram. Les rois de Tanjaor ont prétendu depuis quelque temps dominer sur cette province, qui leur est limitrophe, & que leur État couvre du côté du nord. L'étendue de cet État le long de la côte, est depuis la frontière de Marava, en doublant le cap Calla-medu, jusqu'à la branche du fleuve Caveri, qui porte le nom de Colh-ram, & dont l'embouchûre est la plus septentrionale de celles du Caveri. Ces embouchûres sont en grand nombre, vû la division de ce fleuve en dif-férens bras ou canaux, à remonter jusqu'à Tiru-shira-pali, & à la pagode de Shirangam, voisine de cette ville, & située dans l'angle formé par la première division du fleuve en deux branches, desquelles toutes les autres sont émanées. Selon les cartes plus récentes, & les mieux conditionnées que l'on eût, le bras qui rencontre la mer à Nega-patnam au nord de Calla-medu, feroit la plus méridionale des embouchûres. Mais, ce bras qui paffe au midi de la ville royale de Tanjaor, détachant plufieurs rameaux, dans la partie fupérieure & fur la droite de fon cours ; il faut néceffairement que ces rameaux, ci-devant inconnus dans les cartes, aient leur débouchement dans la mer, en-deçà même du cap Calla-medu, d'autant plus vrai-femblablement, que des ouvertures de rivières font indiquées fur la côte méridionale du Tanjaor, qui précède ce cap. Le fleuve Caveri eft plus confidérable qu'aucune autre rivière, dans la partie de la Prefqu'île reculée vers le midi. Il fort du Maiffur pour traverfer le nord du Maduré ; & dans la fection précédente j'ai remarqué, qu'il tiroit fon origine des Gattes, qui font la féparation du Maiffur d'avec le Malabar. Ce que l'on connoît dans le Maiffur, nous le devons aux Jéfuites, dont les miffions ont pénétré jufque-là. Le pays doit fon nom, & les princes qui y règnent, à un château fitué à quelque diftance de la capitale, nommée Shiringa-patnam, & renfermée dans une île du Caveri. Il y a une partie du Maiffur, frontière du Malabar, & engagée dans les montagnes, qui tire de cette fituation la dénomination de Malleam. Car, comme j'ai eu occafion de le dire au fujet des montagnes de Ceilan, *Mallé* ou *Malé* eft un terme qui les défigne en cette partie de l'Inde. Pour revenir au Tanjaor, outre la ville capitale & du même nom, grande & fortifiée d'une enceinte de murailles, je citerai dans l'intérieur du pays Madevi-patnam, comme chef-lieu d'une principauté particulière. Les rois de Tanjaor, qui prennent la qualité de *Maharaja*, qui fignifie grand roi, font de race Marate, comme l'étoient plufieurs autres fouverains établis dans leur voifinage.

La côte de Coromandel, qu'il eft maintenant queftion de décrire, commence au cap Calla-medu, ou Caillamere, d'où elle s'étend vers le nord dans un efpace de fix à fept degrés de latitude, jufqu'au-delà de Mafuli-patnam. C'eft la partie de l'Inde que les établiffemens qui protègent le

commerce des nations Européennes, rendent plus intéreſ-
ſante, & dont il a dû s'enſuivre, que les connoiſſances
géographiques fuſſent & plus circonſtanciées & plus préciſes,
encore qu'elles ne s'y ſoûtiennent pas par-tout en parfaite
égalité. La carte de l'Inde, par le point d'échelle qui pouvoit
lui convenir, eu égard à l'univerſalité de ſon objet, ne ſuffi-
ſant pas à exprimer le grand détail de poſitions qu'on avoit
acquis ſur cette partie, on y a ſuppléé par une carte particulière, qui occupe deux feuilles, & dont le point d'échelle
eſt le quadruple en longueur du point de la carte de l'Inde,
ce qui multiplie l'étendue en ſurface juſqu'à ſeize pour un. On
pourroit citer différentes parties de l'Europe, ſur leſquelles
la Géographie eſt moins bien pourvûe, que ſur quelques
endroits du Coromandel.

La véritable dénomination de Coromandel eſt *Sôra-
mandalam,* ou royaume de Sôra. L'hiſtoire du pays veut,
qu'il ait été long-temps dominé par des princes appelés ſucceſſivement *Sôren :* & par deſſus cela, on trouve dans Ptolémée une nation dénommée *Sorœ,* & une ville royale ſous
le nom de *Sora,* de laquelle j'aurai occaſion de parler. On
donne communément aux Indiens de cette partie de l'Inde
le nom de Malabares, en quoi je ſoupçonnerois qu'on a
confondu le nom de Mahabar, qui eſt véritablement convenable à ce pays, avec celui de Malabar, vû que ce dernier
eſt plus connu, & qu'il n'a pas ceſſé d'être en uſage, tandis
que l'autre eſt tombé dans l'oubli. Les Indiens du pays ſe
donnent le nom de *Tamules,* & on ſait que la langue vul-
gaire, différente du Samſcret & du Grendam, qui ſont les
langues ſacrées, porte le même nom. Ils prétendent avoir
été appelés autrefois *Pandies ;* & en effet on les croira iſſus
des ſujets du monarque Indien, que l'Antiquité a connu
ſous le nom de Pandion. On ſait quelque diſtinction des
Tamules, d'avec ceux qui parlent un langage appelé *Telugu.*

La première place qui ſe préſente, à ſept lieues plus que
moins du cap Caillamere, & ſur une embouchûre du Caveri,
qui reçoit de moyens bâtimens, eſt Nega-patnam. Cette ville

exiſtoit à l'arrivée des Portugais ſur cette côte, & ils s'y étoient fortifiés, lorſque les Hollandois l'enlevèrent en 1 6 5 8. C'eſt un des plus conſidérables établiſſemens de la côte. Après l'embouchûre de Nega-patnam vient celle de Naour, & on compte quatre lieues entre Nega-patnam & la rivière de Karical. Les François prirent poſſeſſion de Karical en 1 7 3 9, & cette ville, accompagnée d'un château de conſ-truction Indienne, nommé Karcangeri, leur a été cédée par le roi de Tanjaor, avec des lieux en dépendans, dont le plus conſidérable eſt Tiru-malé-rayen-patnam, ville ſituée entre Karical & Naour. De Karical nous paſſerons à Trankembar, ou comme on dit ordinairement, Tranquebar, ce qui a fort défiguré le nom Indien, qui eſt *Tiranghem-badi*. Les Danois acquirent cet emplacement en 1 6 2 0 du roi de Tanjaor, & y conſtruiſirent l'année ſuivante une fortereſſe, à laquelle ils ont donné le nom de Danſ-burg. A Trankembar ſuccèdent Caveri-patnam & Tiru-malei-vaſel. Pluſieurs bras du fleuve Caveri réunis, forment chacune des embouchûres, ſur leſ-quelles les lieux que je viens de nommer ſont ſitués. Caveri-patnam eſt un endroit célèbre parmi les Indiens, en ce qu'ils croient s'y purifier par le bain. C'eſt une très-ancienne ville, puiſqu'on la retrouve bien diſtinctement dans Ptolémée ſous le nom de *Chaberis*, ainſi que la rivière même de Caveri, qui y porte le même nom, & qui l'a donné à Caveri-patnam. Ptolémée faiſant de plus mention d'une ville qu'il qualifie de capitale, & ſituée en-deçà de Chaberis, ſous le nom de *Nigama*, nous pouvons, ſans donner trop à la conjecture, y reconnoître Nega-patnam.

La dernière embouchûre du Caveri eſt celle de la branche de ce fleuve, qui porte le nom de Colh-ram. Près de cette embouchûre, les Anglois occupent un château renfermé par un bras de rivière, & nommé Tivu-cottey. Plus loin eſt une ville Indienne, appelée Porto-novo par les Européens, Mahmud-bender par les Maures, & Paranghi-pettey par les Indiens. Elle eſt toute ouverte: mais, le commerce qui s'y fait a déterminé les François, ainſi que les Anglois, à y avoir une loge. La côte en déclinant un peu vers l'oueft, par un changement de fa première direction vers le nord, pour prendre enfuite un peu de l'eft, forme un arc rentrant, au fommet duquel eft Porto-novo, à l'embouchûre d'une rivière appellée Vall-arru. Dans l'éloignement à l'égard du bord de la mer, & un peu en-deçà de Porto-novo, eft la fameufe & magnifique pagode de Shidam-baram, qu'ordinairement on nomme Chalanbron. A environ cinq lieues de Porto-novo, en continuant de fuivre la côte, on trouve le fort de S.ᵗ David, appartenant aux Anglois, avec la ville de Gudelur, qui en eft diftante d'environ 800 toifes. Les Hollandois arborent leur pavillon fur une maifon nommée Tevene-patnam, à cinq cens pas au-delà du fort de S.ᵗ David. Une rivière, nommée Gudelam, fe rend dans la mer fous ce fort, groffie d'une autre rivière dans le voifinage, & dont le nom eft Tiru-paû-palur. Il faut ajoûter, qu'à une petite diftance au-delà de S.ᵗ David, la rivière nommée Panna, a fon embouchûre dans la mer. Je n'entrerai dans aucun détail fur les lieux de l'intérieur du pays, que la carte de Coromandel fournit en grand nombre. Je ferai feulement obferver, que ces pofitions de lieu étant établies par leur fituation fur diverfes routes qui font tracées, on eft inftruit par-là du moyen qui a fervi à les mettre en place.

PONDICHERI eft diftant du fort de S.ᵗ David d'environ treize milles de foixante au degré, autrement de cinq lieues françoifes: & le gifement de la côte qui y conduit, eft le nord-nord-eft quelques degrés eft. La hauteur, déterminée par les plus exactes obfervations, eft de 11 degrés 55 minutes & demie. On jouit en même temps de l'avantage d'avoir cette pofition fixée en longitude. Diverfes obfervations, auxquelles le P. Boudier en a rapporté de correfpondantes, faites à Shandernagor, donnent lieu de conclurre, par une moyenne différence entre plufieurs réfultats, 5 heures 9 minutes 40 fecondes, à l'égard du méridien de Paris, ou 77 degrés 25 minutes; à quoi on ajoûtera 20 degrés, en comptant du premier méridien. Quelques obfervations antérieures

& moins fcrupuleufes, avoient fait compter 78 degrés entre Paris & Pondicheri; & cette longitude plus écartée n'a pas été fans conféquences. Pour s'y affujétir dans les cartes, il a fallu donner plus que moins à certains efpaces, comme je l'ai remarqué en traitant de la côte, qui s'étend depuis le cap Comorin jufqu'à Ramanan-koil. J'ai en même temps accufé les cartes d'attribuer trop de largeur à la Prefqu'île; & la détermination de Pondicheri me fournit l'occafion de m'en expliquer, d'une manière à le faire préfumer fortement. On ne doit pas attendre de la géographie de l'Inde, que des opérations pofitives en décident. Mais, ayant connu plufieurs perfonnes qui avoient été fur les lieux, & entre autres M. Didier, ingénieur, & d'ailleurs homme curieux & lettré, employé par la Compagnie des Indes à l'établif-fement de Mahé fur la côte de Malabar; j'ai fû de lui, que la traverfée par terre de Mahé à Pondicheri, fur laquelle il avoit médité, ne pouvoit s'eftimer que 90 lieues au plus à vol d'oifeau; & que des voyageurs (non des courriers) fai-foient le chemin en treize ou quatorze jours de marche. Pour faire cette route en partant de Mahé, on commence par fuivre la côte vers le fud, en paffant par Calicut, jufqu'à Tanor. Vis-à-vis de Tanor, une gorge dans les Gattes donne entrée dans le Maiffur, en defcendant le long d'une rivière appellée Vani. On fe rend enfuite fur le Caveri, en fuivant à peu près la direction de fon cours vers l'eft jufqu'à la frontière de Tanjaor, d'ou il faut remonter au nord pour arriver à Pondicheri. Par ce détail de route, quelle diffé-rence n'en réfulte-t-il pas entre la ligne directe & la mefure du chemin! Quoiqu'il y ait 20 lieues françoifes entre Mahé & Tanor, l'arrivée à Tanor ne met le voyageur plus près de Pondicheri que de 4 à 5 lieues. Et vû que Tanor eft plus méridional que Pondicheri d'environ un degré, & qu'à la frontière de Tanjaor, on fe trouve en même hauteur que celle de Tanor, il refte un grand efpace de route dans une direction fort différente, qui eft le nord-eft, pour atteindre Pondicheri. La carte de l'Inde fournit en droiture & à

l'ouverture

l'ouverture du compas, entre Pondicheri & Mahé, 86 lieues marines, ou de 20 au degré, qui font égales à 98 lieues françoises, compofées de 2500 toifes. Or, il m'a paru que la mefure de route étoit à la ligne directe comme 4 au moins, eft à 3; de manière que le chemin pouvoit s'évaluer environ 120 lieues marines, ou près de 140 lieues françoises : au moyen de quoi je tiens, que les 13 ou 14 jours de marche deviennent des marches de 12 à 15 heures par jour, pour des voyageurs ordinaires & gens de pied. Cette eftime eft déjà fi forte, que comme elle feroit pluftôt fufceptible de modération que d'accroiffement, on ne pourroit vouloir enchérir fans aller contre la vrai-femblance. D'où il fuit, que les cartes, qui au lieu de 80 à 90 lieues marines, en fourniffent jufqu'à 100, entre les points de Mahé & de Pondicheri, donnent trop d'efpace à cet intervalle, ce qu'il eft fort ordinaire de rencontrer dans les cartes.

L'établiffement des François à Pondicheri remonte jufqu'en l'année 1674; mais par de fi foibles commencemens, qu'on auroit eu de la peine à imaginer, que les fuites en fuffent auffi confidérables. Le petit Etat de Gingi, qui avoit eu fes Rajas particuliers, lefquels reconnoiffoient le roi de Narfingue en qualité de fouverain, dépendoit alors du roi de Vifapur, qui s'étant ligué avec celui de Golkonde vers l'an 1650, avoit dépouillé le roi de Bifnagar de ce pays, qui alors lui appartenoit. Mais, en l'année 1677, le fameux Raja Cievogi, ou Sevagi, pouffant fes conquêtes dans le royaume de Vifapur, fe rendit maître de Gingi; & fur les follicitations du fieur Martin, qui gouvernoit l'établiffement de Pondicheri, il confirma les François dans leur poffeffion; & les lettres expédiées en conféquence font du mois de juillet 1680. Les Hollandois, jaloux de toute autre nation commerçante dans l'Inde, attaquèrent en 1693 Pondicheri, avec plus de forces qu'il n'en falloit pour enlever un petit fort, défendu par environ 50 hommes. Mais, l'engagement que les Etats-généraux contractèrent au traité de Rifwick, de reftituer Pondicheri, y fit rentrer les François en 1699.

Q

Depuis ce temps-là, Pondicheri s'eſt accru & embelli au point de le diſputer à tout autre établiſſement Européen dans l'Inde. Sa citadelle occupant le milieu d'un eſpace d'environ 700 toiſes, que la ville a d'étendue ſur le rivage, fut achevée en 1706. C'eſt un pentagone régulier, & ce qu'il y a de mieux en ce genre dans toute l'Inde. L'enceinte de la ville, fortifiée de dix-ſept baſtions, fut commencée en 1723; & le foſſé qui y manquoit, eſt maintenant ajoûté, & rempli d'eau par la rivière de Gingi, qui entre en même temps dans la ville, & y forme pluſieurs canaux & baſſins. La circonférence de la ville, priſe en dedans, eſt de 2800 toiſes plus que moins, ſon grand diamètre ou ſa longueur de 900 à 1000, & ſa largeur de 650, à la prendre du bord de la mer. Les rues ſont bien percées & tirées au cordeau, la pluſpart des maiſons conſtruites en brique. On eſtime qu'elle renferme cent mille habitans.

Les principales de ce qu'on appelle *Aldées* (terme que les Portugais ont mis en uſage dans l'Inde) autour de Pondicheri, & dans ſa dépendance, ſont Arian-cupam, Alshewak, Vilenur, Valdaûr. Il y a un fort à Valdaûr, & ce lieu conduit à Gingi, diſtant de Pondicheri d'environ onze lieues françoiſes, vers le nord-oueſt. Gingi eſt une place forte & conſidérable. La ville ſituée au pied de la fortereſſe du côté du levant, ne contient que 5 à 600 toiſes de longueur, & 200 de largeur, mais le circuit de la fortereſſe vaut environ 3500 toiſes. Son enceinte eſt fort irrégulière, parce qu'elle a été conduite ſur le ſommet de quatre montagnes, dont on a fait autant de fortereſſes particulières. La principale, & qu'on peut appeler la citadelle, eſt à l'angle de la place tourné vers le nord-oueſt, & ſe nomme Rasjegadu. Outre l'avantage de ſa ſituation ſur un lieu eſcarpé, elle a une double enceinte, dont une partie eſt priſe du roc même. Le palais des anciens Rajas eſt au pied, ſéparé du reſte de la place par un retranchement. Tel eſt Gingi, au pied des murs duquel les François étant arrivés le 11 ſeptembre 1750, cette place fut emportée par eſcalade la nuit ſuivante, ſans excepter aucun réduit.

De Pondicheri à Madras, la côte court en général nord-nord-eſt quelques degrés eſt. Le premier endroit de remarque eſt Congi-medu, vulgairement dit Congimer, à quatre lieues marines plus que moins de Pondicheri. Aalem-parvé, forte-reſſe occupée par les Maures, vient enſuite, & à la même diſtance à l'égard de Congi-medu. Les mémoires dont j'ai tiré la connoiſſance de l'intérieur du pays comme de la côte, ne m'ont pas permis de mettre plus de 15 lieues marines entre Pondicheri & Sadras-patnam, bien que d'autres inſtructions en marquent 16 à 17. Sadras, que tiennent actuellement les Hollandois, eſt à l'entrée de la rivière de Paler, & ſur la plus ſeptentrionale de ſes quatre embouchûres dans la mer. Cette rivière deſcend d'Arcate, dont la poſition s'éloigne de la côte de vingt lieues françoiſes & au-dela. La ville d'Arcate eſt réputée la capitale du pays appelé Carnate, & le Nabab qui gouverne la province, y fait ſa réſidence. Velur, place forte, ſituée à quelques lieues au deſſus d'Arcate, & ſur le bord de la même rivière, ſe trouve citée en quelques relations avec la même prérogative. Mais, ce dont Arcate ſe prévaudra, c'eſt d'avoir ſon exiſtence marquée dans l'Antiquité. Ptolémée a indubitablement connu cette ville dans la poſition qu'il dénomme, Ἀρκάτȣ βασίλειον Σῶρα, *Arcati regia Sora.* Il eſt vrai qu'en cette dénomination, Ptolémée paroît attribuer au ſouverain le nom qui eſt propre à la ville : & vû que les Indiens nous ont appris, que le nom du ſouverain étoit *Soren,* qui a fait donner au pays le nom de Sora-mandalam, la permutation que Ptolémée a faite des deux dénominations n'en eſt que plus évidente. Il ſuffira pour toute correction, de faire tranſpoſition du nominatif & du génitif. Le pays maritime en cette même partie de l'Inde, ſe trouve déſigné dans Ptolémée ſous le nom de *Paralia Soretanum:* & c'eſt une indication formelle de la côte de Coromandel, dont le nom, comme je l'ai remarqué antérieurement, vient de Sora-mandalam. J'obſerve encore dans Ptolémée, qu'il marque une contrée de Brachmanes entre Arcate & la côte, & une ville nommée *Brachme.* Or, quoi de plus convenable à la situation actuelle de Canje-varam, grande ville qui renferme un peuple de Brahmènes, & où se conserve une de leurs plus fameuses E'coles ou Universités? Ces points assez notables deviennent des acquisitions pour l'ancienne Géographie, puisqu'ils étoient demeurés ensevelis dans une profonde obscurité.

La rivière de Paler reçoit peu au dessus d'Arcate, une rivière nommée Poné, laquelle avoit auparavant reçu celle de Pala-maleru. Ces rivières, ainsi que toutes les rivières antérieures depuis Caveri, traversent, pour descendre dans le pays maritime, une chaîne de montagnes sans interruption, qui se prolonge encore vers le nord, en approchant de Golkonde; & au travers de laquelle d'autres rivières, qui succèdent à celles que je viens de marquer, se font pareillement ouvert une issue. On ne connoissoit point cet espèce de Cordellière, qui s'étend parallèlement à celle des Gattes, & qui est distante d'Arcate d'environ deux journées. Il n'y a de passage dans ces montagnes que par des gorges fort étroites, & dont quelques-unes ont même un retranchement qui les ferme. Ces gorges sont appelées *Canavai;* & il y en a deux vis-à-vis d'Arcate, celle de Cadapa-nattam, & celle de Damalsheri. Ce fut par l'une de ces gorges que les Marates débouchèrent en 1740, quand ils surprirent Daûd-Ali-khan, Nabab d'Arcate, qui périt dans sa défaite. Le pays au-delà de ces montagnes ne nous est connu, que parce que les missions des Jésuites y ont pénétré: & ce que la carte de l'Inde en représente, ainsi que celle que j'avois antérieurement dressée pour les Lettres édifiantes, est tiré d'un morceau particulier, qui m'a été remis par le P. du Halde. Dans une lettre du P. Calmette, qui est du recueil XXI des Lettres édifiantes, la latitude de Shinna-Ballabaram, en cette partie intérieure de Carnate, est donnée pour observée à 13 degrés 23 minutes: & il faut convenir, qu'il importe beaucoup d'être fixé de cette manière par quelque point, dans un aussi grand éloignement de la côte, à laquelle de pareilles déterminations semblent réservées.

La distance de Sadras à St Thomé est de 12 à 13 lieues marines. Dans le milieu de cet espace est Covelam, & un lieu de remarque entre Sadras & Covelam, est Maveli-varam, autrement les sept pagodes. S.ᵗ Thomé tient la place d'une ville Indienne, qui étoit autrefois très-puissante, sous le nom de Meliapur, ou Mailapur, qui signifie la ville des Paons. Selon la tradition, qui veut que l'apôtre S.ᵗ Thomas y ait prêché la foi, & souffert le martyre, cette ville dominoit alors sur le pays d'alentour. Les légendes des Orientaux donnent le nom de *Calamina* à la ville de l'Inde, où Saint Thomas termina par sa mort ses travaux apostoliques. On ne retrouve plus de vestiges de ce nom : & la conjecture de la Croze, dans l'histoire fort passionnée qu'il a écrite du Christianisme des Indes, n'est pas heureuse, tirant cette dé-nomination de Calamine, *par confusion de termes,* de Castel da Mina, construit par les Portugais sur la côte de Guinée. La construction de ce château est du règne de Jean II, qui succéda à son père Alphonse V en 1481 : & entre les auteurs, qui ont parlé de Calamine, on peut citer Abulpha-rage, Maphrien ou primat des Jacobites, mort en 1286. Dans Marc-Pol, contemporain d'Abulpharage, il est mention de la ville du Maabar, où l'apôtre S.ᵗ Thomas étoit révéré, & qui étoit regardée comme le lieu de son martyre. Selon Jarric *(liv. I, page 580),* les gestes de cet Apôtre, écrits sur des lames de cuivre, étoient conservés dans la ville de Canje-varam, lorsque des missionnaires Jésuites obtinrent du roi de Narsingue la permission d'en tirer copie. Les Portu-gais se mirent en possession de la ville de S.ᵗ Thomé en 1547. Ils en ont fait un siége épiscopal, suffragant de la métropole de Goa, & dont la jurisdiction spirituelle s'étend depuis le cap Comorin jusqu'à la frontière de la Chine. Les Maures, secourus des Hollandois, enlevèrent cette place aux Portugais en 1662. Elle leur a été rendue: mais, son com-merce, qui avoit été considérable, est anéanti ; & l'établis-sement que firent les Anglois vers l'an 1671 à Madras, qui n'est séparé de S.ᵗ Thomé que par l'intervalle d'une lieue, n'y a pas peu contribué.

Q iij

Madras-patnam, autrement le fort de S.ᵗ George, eſt un quarré long, & ſerré entre le rivage de la mer & un bras de rivière. La longueur ne paſſe guère 300 toiſes, & la largeur 100. Ce qu'on appelle la Ville-noire, eſt contigu à cette place du côté du nord, & borde le rivage également. La latitude de Madras eſt 13 degrés environ 14 minutes. Il en faudroit rabattre environ 5 minutes, ſelon la graduation d'une carte du pilote Anglois. Mais, on remarque un très-grand vice dans cette carte, en ce qu'elle reſſerre l'eſpace de la côte entre S.ᵗ David & Madras, dans 24 lieues marines, bien qu'il y en ait au moins 32. S.ᵗ David plus ſud que Pondicheri de 11 à 12 minutes, conſéquemment par 11 degrés environ 44 minutes, eſt placé au deſſus de 12 degrés dans la carte Angloiſe.

La côte qui ſuit Madras eſt une langue de terre, ſéparée du continent par un canal, qui s'étend juſqu'à Paliacate, & on prétend que la mer travaille ſur ce rivage, & le dégrade. Paliacate, à 8 lieues marines de Madras, eſt un établiſſement fort conſidérable des Hollandois, qui ont donné à la fortereſſe le nom de Gelria, ou de Gueldre. Quoique je ne veuille point m'arrêter au détail des lieux qui s'écartent de la côte, il faut néanmoins parler de la pagode de Tiru-peti, ſituée à peu près vis-à-vis de Paliacate, encore que la diſtance ſoit d'environ 30 lieues françoiſes. C'eſt un temple des plus fameux & plus révérés qui ſoient dans l'Inde. Tavernier, dans une route qu'il décrit en partant de Gandi-cotta, place conſidérable, & dont il ſera queſtion dans la ſuite, n'arrive à la pagode, qu'il appelle Tripanté, qu'après avoir paſſé Kaman, qui eſt Cambam; & pluſieurs endroits que j'ai reconnus dans la continuation de cette route, tendante à Bag-nagar, demandent que cette pagode monte à peu près à la hauteur de Maſuli-patnam, fort écartée de celle de Paliacate. Mais, s'il y a de la contrariété, elle ne ſauroit porter atteinte ou préjudice à l'emplacement que les cartes de l'Inde & de Coromandel donnent à Tiru-peti, ſur des indications qui ſont poſitives. Ce qu'on pourroit faire de mieux en faveur de Tavernier, feroit de fuppofer qu'il exifte deux pagodes différentes.

Jarric, décrivant les voyages de quelques miffionnaires Jéfuites, qui dans les dernières années du feizième fiècle, établirent des églifes dans le royaume de Narfingue, parle de Tripiti (ou Tiru-peti) comme étant à la diftance de quatre journées de la ville de S.ᵗ Thomé, ce qui eft très-convenable. Et il nous inftruit en même temps de la fituation, qui n'eft pas connue par d'autres endroits, de la ville royale de Narfingue, qu'il dit *(liv. II, page 571)* n'être *qu'à une lieue loin* de Tripiti. Le nom de Chandegri, fous lequel il défigne cette ville, s'il étoit écrit Kandé-gheri, paroîtroit plus conforme aux dénominations Indiennes. Les Géographes n'ont point connu cette pofition. Dans la carte des côtes de Malabar & de Coromandel, M. Delifle laiffe un intervalle d'environ 25 lieues françoifes entre Chandegri & Tripiti, dont la fituation en cette carte dépend de l'ufage que l'auteur a fait de la route de Tavernier, laquelle auroit dû même, par ce que j'en ai dit ci-deffus, conduire à un éloignement encore plus grand de la ville royale de Narfingue. Les royaumes de Narfingue & de Bifnagar étant pris l'un pour l'autre, M. Delifle a cru en conféquence que Bifnagar & Chandegri n'étoient qu'une feule & même ville; au lieu que par la pofition que les mémoires des Jéfuites donnent à la ville de Bifnagar, & qui la range vers la hauteur de Goa, & plus près de cette ville que de la côte de Coromandel, il réfulte un intervalle de plus de 70 lieues françoifes entre Kandégheri & Bifnagar. La manière dont Barros fait entrer la ville de Bifnagar dans la defcription du cours de Nago-nidi, que j'ai rapportée dans la fection précédente, fuffifoit pour juger de la fituation de cette ville, & prévenir en quelque forte la connoiffance que les mémoires des Jéfuites en ont donnée depuis. Au refte, c'eft fans fondement que l'on confond les royaumes de Bifnagar & de Narfingue. Il y a lieu de croire que le roi de Narfingue étoit Indien de religion, comme il pouvoit l'être de race, ce qui met une grande diftinction entre lui & les rois de

Vifapur, de Golkonde, & de Bifnagar, qui profeffoient le Mahométifme. D'ailleurs, ce qu'on lit dans quelques hifto- riens, & notamment dans Jarric, que ce qui contribua à faire tomber Goa au pouvoir des Portugais, fut qu'Idal-khan, ou le roi de Bifnagar, eut en même temps le roi de Narfingue fur les bras, marque bien la différence de deux puiffances. Bifnagar paroît bien avoir prévalu, & s'être agrandi aux dé- pens de Narfingue: mais, ces E'tats ont pû exifter antérieu- rement diftinéts & féparés. Il y avoit un roi de Narfingue dans Kandégheri en 1599; comme l'hiftoire de Jarric ne permet pas d'en douter. Je n'ai pû me refufer à cette difcuffion, que la diftinction à faire entre deux villes également royales entraînoit après elle.

Tout ce pays, qui, de la côte de Coromandel, s'étend dans l'intérieur de la Prefqu'île, eft connu fous le nom de Carnate. Mais, de croire qu'on foit en état d'en circonfcrire les limites fur la carte, comme cela fe peut faire d'un pays dont on eft fuffifamment inftruit, c'eft avoir une idée trop avantageufe de nos connoiffances géographiques. Tavernier parlant de Cambam, qu'il nomme Kaman, dit que cette place couvroit la frontière de Golkonde, lorfque le pays de Carnate étoit province d'un autre E'tat; ce qui peut donner une idée générale de l'extenfion de cette province, du côté qui confinoit au royaume de Golkonde. Je reviens à la côte. Un grand lac, qui n'avoit point paru dans les cartes avant celles que j'ai publiées, a une décharge dans la mer tout près de Paliacate. Il s'étend environ huit lieues parallèlement à la mer, dont il n'eft féparé que par une langue de terre. La carte manufcrite dont je l'ai tiré, lui donne le nom de Fri- cans. De fon extrémité feptentrionale il fort un canal, lequel en fuivant la direction de la côte, court jufqu'à Arimegon, où il rencontre une rivière nommée Surnemaghi, & de-là il continue jufqu'au lieu nommé Cota-patnam. Plufieurs rivières fe rendent dans ce lac: mais comme on n'a eu connoiffance de ces rivières que parce qu'elles traverfent une route, dont la trace fe voit fur la carte, on ne peut affurer fi ce font

des

des rivières différentes entre elles, ou bien différens bras
détachés d'une rivière principale, comme pourroit être celle
de Kandeler, qui se rend dans la mer à Kistena-patnam ou
Caliatur. La rivière de Pener, qui arrive à la mer sous
Ganga-patnam, est la plus considérable de celles qui viennent
à cette côte. Sortie de l'intérieur du pays de Carnate, où
elle rassemble plusieurs rivières, elle passe sous la forteresse
de Gandi-cotta, qui est une place des plus considérables de
la Presqu'île de l'Inde, & dont on peut voir la description
dans Tavernier. Il y a une très-grande diversité à remarquer
dans la position de Gandi-cotta, entre la carte de l'Inde, &
celle des côtes de Malabar & de Coromandel. La différence
en latitude est d'environ deux degrés. Mais, comment Gandi-
cotta pourroit-il être reculé jusqu'au treizième degré de latitude, puisque Shinna-ballabaram, beaucoup plus sud que
Gandi-cotta, est établi par observation à 13 degrés & environ deux cinquièmes ? Gandi-cotta, qui, selon la carte de
M. Del'isle, devient frontière des terres du Shili-Naïken,
s'en éloigne neanmoins d'environ 3 degrés.

De Paliacate une route très-circonstanciée dans la carte de
Coromandel, & qui tend au nord, ayant atteint Nelur, ville
sur le rivage méridional de la rivière de Pener, se partage en
deux; s'écartant d'un côté dans les terres pour se rendre à Bag-
nagar, & de l'autre joignant le bord de la mer en quelques
endroits, & conduisant à Masuli-patnam. Les voyageurs qui
ont publié des relations, ne fournissoient rien de semblable en
cette partie. Comme aucun point de discussion ne m'arrête sur
ces routes, je passe tout de suite à Bag-nagar. Cette ville est
par 17 degrés environ 12 minutes de latitude. Elle est nommée en Persan Eider-abad. Quant au nom de Bag-nagar,
c'est un composé de Persan & d'Indien. *Bag* en Persan
signifie jardin, & *Nagar*, qui répond au terme de Dame
en françois, désigne la déesse Shita, femme de Ram. Le
nom de Gol-konda, qui a été employé comme propre au
royaume dont Bag-nagar étoit la capitale, appartient proprement à un château, situé sur une montagne, & distant

R

de la ville d'environ deux lieues vers le couchant, & duquel les princes qui ont régné sous le nom de Cothub-shah, se sont servis comme de citadelle, ainsi que de demeure. Je suis persuadé que le terme de *Konda*, qui entre dans la dénomination de beaucoup de forteresses de l'Inde, & qui par cet emploi devient synonyme du terme Indien *Cotta*, dérive du Persan *Kohund* ou *Kand*, dont j'ai parlé ailleurs.

La position de Bag-nagar se rencontre précisément au tiers de l'intervalle qui sépare Masuli-patnam d'un point de remarque sur la côte occidentale de la Presqu'île. Ce point est l'entrée de la rivière de Dabul. J'ai eu des mémoires trop circonstanciés & trop précis entre Bag-nagar & Masuli-patnam, comme le détail de la carte particulière de Coromandel en fait juger, pour n'être pas assuré de ce que peut valoir l'étendue de l'espace en cette partie. La distance de Bag-nagar à Visapur, paroît faire un second tiers dans l'intervalle dont il est question. Tavernier y compte 100 coss, apparemment de compte rond, & quoi qu'il en soit, la carte de l'Inde en fournit la mesure, à bien peu de chose près complète à l'ouverture du compas, & selon ce que vaut le coss commun, plus étendu que le coss déterminé, à quoi les détours du chemin doivent encore ajoûter un surcroît de mesure. Cet espace entre Bag-nagar & Visapur, est même confirmé par analogie avec le précédent de Bag-nagar à Masuli-patnam, dans lequel on compte 105 coss par le plus court chemin. Le dernier tiers entre Visapur & l'entrée de Dabul, qui devient au moins égal à chacun des deux premiers dans notre carte, ne tient lieu néanmoins que de 80 coss, dont le décompte se tire de Mandelslo. Si ces coss sont appelés des lieues dans sa relation, c'est par une méprise d'autant mieux avérée, que comme cette relation fait compter 84 de ces lieues prétendues entre Goa & Visapur, Tavernier dit positivement que la même mesure de chemin est de 85 coss. Or, puisque les 80 coss entre Visapur & Dabul prennent au moins autant d'espace sur la carte, que 100 coss entre Visapur & Bag-nagar, & 105 entre Bag-nagar & Mafuli-patnam, il eft pluftôt à craindre que l'efpace n'y foit forcé qu'affoibli. Et il y a de quoi fuppléer à l'efpace antérieur, ou de Vifapur à Bag-nagar, en fuppofant que l'étendue n'en fût pas fuffifante, & qu'elle eût befoin qu'on y ajoûte. Cette difcuffion nous procure l'avantage fingulier de vérifier la largeur que donne la carte à la Prefqu'île de l'Inde. Et on peut en conclurre, que dans les cartes précédentes, qui furpaffent cette étendue, on a outré la mefure. L'analyfe de l'efpace dans une autre partie de la Prefqu'île, entre Pondicheri & Mahé, ne nous a-t-elle pas conduits à conclurre également la même chofe? Deux mefures ainfi déterminées deviennent, pour ainfi dire, deux chaînes, qui lient entre elles les deux côtes: & vû que le gifement de la côte de Coromandel eft bien moins équivoque, à mon avis, que celui de la côte occidentale, lier celle-ci avec l'autre, c'eft s'en affurer.

J'ai parlé ailleurs des routes, qui ont rapport à la pofition de Bag-nagar, en venant du nord. Tavernier en décrit une, qui partant de Bag-nagar conduit à la mine de diamans de Raol-konda. Mais, cette pofition ne tenant pas en même temps à quelque autre point, on ne peut répondre qu'elle foit à peu près jufte. Les mémoires des Jéfuites m'ont conduit jufqu'à Shandalu-cotta, fur le bord du Krishna. Il y a dans ce canton une place nommée Kanoul, que les François ont rencontrée fur leur route, & voifine d'une rivière, que j'imagine être Krishna: mais je n'ai pas été affez inftruit, pour hafarder un lieu pluftôt qu'un autre dans la carte. Quant à la route de Bag-nagar à Mafuli-patnam, il y en a peu d'auffi bien données en des pays reculés comme l'Inde. Outre la mine de diamans de Kulur ou Gani, la carte en indique une autre, également voifine du Krishna, mais plus près de Mafuli-patnam. Elle n'eft connue que depuis environ quatre-vingts ans, & aucun voyageur, que je fache, n'en a parlé.

Il eft à remarquer, que la côte, qui jufqu'à Paliacate décline du nord à l'eft, prend au-delà une direction contraire,

en forte que de Paliacate à Mede-pili, il y ait une déclinai-
fon vers l'oueft, qui approche d'un quart de vent. Plufieurs
navigateurs m'ont averti, qu'il falloit fur ce point enchérir
fur les cartes marines. Mede-pili eft apparemment ce que
les cartes nomment Montepoli, quoiqu'en pofition différente.
De ce point jufqu'à l'entrée de la rivière de Nifam-patnam,
l'aire de vent devient eft-nord-eft quart de nord ou environ. La côte qui fuit en tournant la pointe de Divi, jufqu'à
l'entrée de la rivière de Narfapur, eft tirée d'une carte particulière, fur laquelle les bras de Sipeler & d'Amfel-divi,
en-deçà de Mafuli-patnam, & émanés de la rivière de
Krishna, étoient figurés. Ce qu'on appelle île Divi, eft le
terrein renfermé entre le bras de Sipeler & de la côte tendante à Mafuli-patnam. La conftruction de la carte m'a
conduit à ranger Mafuli-patnam par 16 degrés environ 19
minutes, fans avoir d'indication précife de cette latitude :
mais, toutes les cartes font, à quelques minutes près, conformes entre elles fur ce point, qui roule entre 15 & 20
minutes du même degré.

Mafuli-patnam eft à l'entrée d'un canal, forti d'un bras
du Krishna; & un autre bras du même fleuve couvre cette
ville du côté du nord. Elle eft capitale de ce qu'on appelle
dans l'Inde un *Sercar*, qui comprend plufieurs *Paraganés*, ou
diftricts particuliers. Ce Sercar, compofé de fept Paraganés,
du nombre defquels eft celui de Narfapur, a été accru du
Sercar de Nifam-patnam, & de trois Paraganés détachés du
Sercar de Kondé-pali. Il y a des livres où il eft parlé de
Nifam-patnam & de Petapoli (ou pour mieux dire Petta-
pili) comme d'un feul & même lieu; & toutefois je penfe
que l'entrée de la rivière de Nifam-patnam eft diftincte de
Petta-pili. C'eft un point à éclaircir fur les lieux. Les François ont pris poffeffion de Mafuli-patnam en 1750, en
vertu de la conceffion qui leur en a été faite, par un Souba
ou vice-roi du Décan. L'avantage de fa fituation doit faire
juger, que fon exiftence n'eft pas de fraîche date. Je retrouve
fon nom diftinctement dans celui de *Mefolia*, que Ptolémée

donne à cette contrée de l'Inde; & le fleuve *Mesolus*, dont il la fait traverser, doit être pris pour le Krishna. Quant au terme de *Patnam*, qui est commun à tant de dénominations sur la côte de Coromandel, & dont l'usage chez les Européens a fait *Patan*, on sait qu'il désigne une ville en général. Dans une histoire des Mogols de l'Inde, écrite en françois avec beaucoup d'élégance, l'origine du nom de *Patanes*, qui est propre à une nation ou milice Indienne, est rapportée à celui de Masuli-patan, faute d'avoir connu la vraie forme du terme dont il est question, & sa signification, qui lui est commune avec un autre terme Indien, *Pur* ou *Puram*, dont on a usé davantage en d'autres parties de l'Inde.

La pointe de Gaudewari, qui gît à l'est quart de nord, ou un peu plus nord, de la rivière de Narsapur, à environ douze lieues de distance, est une terre basse, & coupée de plusieurs bras de rivière, qui forment les embouchûres de celle, que les cartes estimées les plus correctes nomment Wenseron; & la rivière de Narsapur est même un des bras dont je parle, selon une carte manuscrite que j'ai. Ptolémée, au-delà du fleuve *Mesolus*, que le nom & la situation de Masuli-patnam indiquent être le Krishna, en quelqu'une de ses embouchûres, marquant une pointe de terre, de laquelle les navigateurs cingloient, pour faire le trajet qui sépare cette côte de celle de la Cherfonèse d'Or; il y a toute apparence que cette pointe est Gaudewari. Je serois fort tenté de prendre la ville que Ptolémée a placée près de cette pointe, sous le nom de *Palura*, pour la pagode & l'entrée de Sipeler, nonobstant que l'emplacement de Ptolémée n'y convienne pas exactement, puisqu'il faut le ramener vers le Mesolus. La considération où ce lieu est dans le pays, jointe à une grande analogie dans la dénomination, peuvent faire déroger à cet emplacement avec d'autant moins de scrupule, que les positions de Ptolémée ne paroissent pas également convenables par-tout. Ceux qui ont les cartes de Ptolémée sous les yeux, peuvent trouver étrange d'y voir la pointe de terre dont je viens de parler, jetée plus au sud que le cap

Comaria ou Comorin. Mais, le grand défaut de Ptolémée
fur le gifement des deux côtes de la prefqu'île de l'Inde, a
pour caufe principale l'exceffive étendue de fa Taprobane,
qui remontant 1 2 à 1 3 degrés au nord de la Ligne, fait
reculer la terre de l'Inde, & ne lui permet pas de fe former
en pointe.

Quelques auteurs donnent à la côte, depuis les pointes
de Divi & de Gaudewari, le nom de côte de Gergelin. Les
Portugais ont appelé *Gergelim*, l'arbre que les Indiens nomment *Ellu*, duquel on tire une forte d'huile. On appelle plus
communément, ce femble, côte d'Orixa, toute l'étendue de
celle qui fuccède immédiatement à Coromandel, jufqu'à l'entrée du Gange. Nos connoiffances en cette partie de l'Inde
fe bornent à quelques lieux maritimes, fans aucun accompa-
gnement qui pénètre dans les terres. Et comme le véritable
état de la Géographie, & fes befoins, ne peuvent être bien
connus que de ceux qui en font une étude approfondie;
on fera peut-être furpris de la remarque que je ne puis me
difpenfer de faire, qu'il y a un intervalle entre la hauteur
de Mafuli-patnam & celle d'Hélabas, qui valant neuf degrés,
eft précifément égal à ce que la France a d'étendue, fur lequel le détail du local nous manque abfolument. C'eft en
impofer, que de chercher à remplir ce vuide par la pofition
d'une ville d'*Angelic*, & de quelques autres non moins incer-
taines, comme auffi par des traces vagues de rivières tirées
de bien loin dans les terres, quoiqu'en rigueur il ne foit
permis que d'en marquer les entrées dans la mer, puifqu'il
eft vrai qu'on n'en connoît pas davantage. Ne convient-il pas
que le vuide d'une carte avertiffe du défaut de connoiffance?
Un hiftorien fidèle, qui trouve une lacune ou quelque interruption dans une fuite d'événemens, fe permet-il d'y fuppléer
d'imagination, lors même qu'il pourroit juger le faire avec
vrai-femblance?

Il y a une ville de Narfinga-patnam à quelque diftance
de la côte, au fond de l'ance que la mer forme au-delà de
Gaudewari. Plus loin, & fur la côte, on trouve Vifiga-

patnam, où les Anglois ont un établissement, & Bimili-patnam. Au-delà est Sicacola, à quinze heures de chemin par terre de Bimili-patnam, selon les mémoires de Thévenot. C'est la résidence d'un Nabab, qui relevoit ci-devant du royaume de Golkonde, lequel ne s'étendoit pas au-delà de ce district. Sicacola se reconnoît aisément dans Ptolémée par le nom de *Cocala*, dont la position est appliquée à la côte. La rivière que marque Ptolémée un peu en-deçà, sous le nom de *Dosaron*, ressemble fort par ce nom à Dacheron, dont Thévenot parle comme d'un lieu où les Hollandois ont un comptoir: mais sa position m'est inconnue. Calinga-patnam, qui suit Sicacola, est très-remarquable, en ce que le nom d'une ancienne nation, dont on parle encore dans l'Inde, & qui s'appelle *Calinga*, s'y conserve. Pline fait mention des Calinges, & les place sur le bord de la mer convenablement, *Calingæ proximi mari*; & en même temps sur le bord du Gange vers son embouchûre, ce qui leur fait donner le nom de *Gangaridæ*, puisqu'on lit dans Pline, *gente Gangaridum Calingarum*. Et je conviens avec le P. Hardouin, que le nom des Calinges est employé dans celui de la nation *Modogalinga*, que Pline dit habiter une île du Gange. Les Calinges sont pareillement cités par Elien, quoique l'indication de leur demeure vis-à-vis de Taprobane paroisse vague. Le promontoire *Calingon*, dont Pline parle comme distant de la bouche du Gange de plus de six cens milles, pourroit convenir à la pointe de Gaudewari.

La province d'Orixa ne commence proprement qu'au-delà du district de Sicacola. Elle est gouvernée par un prince particulier. Le dialecte qu'on y parle se nomme *Uriasha*, & je suis persuadé que dans la dénomination usitée d'Orixa, l'*x* nous vient des Portugais, & devroit se prononcer à la manière Portugaise, c'est-à-dire, comme *ch* en François, ou *sh* en Anglois. Je témoignerai, sans hésiter, quelque incertitude sur la position de Ganjam, d'autant que je la trouve autrepart confondue avec Sonnevaron. Il est mention de Catek comme d'une grosse ville, située dans les terres, vers la hauteur du cap des Palmiers. Mais, ce qu'il y a de plus célèbre, fans contredit, dans ce canton, c'eft le temple de Jagonnat, ou, comme on dit communément, Jagrenat, qui eft à quelque diftance du bord de la mer, & à environ trente lieues en-deçà du cap des Palmiers. Je trouve une indication de fa latitude, attribuée au P. Noël, & à 19 degrés 50 minutes, laquelle ne m'étoit pas connue quand j'ai dreffé la carte de l'Inde, qui néanmoins ne s'en éloigne que de quelques minutes. Le cap des Palmiers eft précédé d'une pointe de terre, qui pour avoir trompé les naviga-teurs, en la prenant pour ce cap, a été nommée Fauffe-pointe. Et ce parage, auquel fuccède l'entrée du Gange, devient le terme de ce que nous nous étions propofé de difcuter dans cette feſtion.

SECTION

SECTION V.

Prolongement de la côte de l'Inde, depuis la bouche du Gange jusqu'à l'entrée du détroit de Malaca.

IL y a beaucoup de diverfité dans la manière dont on fait courir cette côte, depuis la bouche du Gange jufqu'à la barre d'Aracan. Quelques cartes font le gifement tellement oblique, que le rhumb devient le fud-eft plein. D'autres cartes en modérant fur ce rhumb, donnent celui du fud-fud-eft. Les Portugais, auxquels ces parages font, pour ainfi dire, familiers, s'écartent encore moins du fud; & leur cofmographe Pimentel ne fuppofe point de différence de longitude entre Shatigan & la barre d'Aracan. En admettant que l'erreur d'une pareille pofition foit confidérable, je crois l'avoir fuffifamment évitée dans la carte de l'Inde, où l'aire de vent ajoûte au fud-fud-eft environ huit degrés vers l'eft; ce qui eft beaucoup plus voifin de l'excès contraire, en enchériffant de huit degrés fur le lieu moyen des pofitions qui s'écartent davantage. Le gifement au fud-eft en rigueur paroît bien avoir lieu dans un efpace, en approchant de la pointe d'entrée d'Aracan nommée Botermango : ce qui paroît vicieux, c'eft de le rendre ainfi général depuis la bouche du Gange & Shatigan.

A l'égard du détail le long de cette côte, les cartes modernes font celles qui en fourniffent le moins. Ce qu'on fait plus pofitivement, c'eft que depuis Shatigan il y a un canal de rivière parallèle à la côte, qui s'étend jufqu'à la rivière d'Aracan, dans laquelle il a fon entrée à environ cinq lieues françoifes au deffus de la barre de cette rivière. Dans le plan qu'on a de l'entrée d'Aracan, ce canal porte le nom de Gange : & en effet la rivière de Shatigan recevant

S

antérieurement un canal dérivé de la bouche orientale du Gange, comme je l'ai remarqué dans la section précédente, le bras affluent dans la rivière d'Aracan peut être regardé comme une émanation du Gange. Plusieurs rivières qui descendent des terres, se rendent dans ce canal, qu'elles rencontrent avant que de s'ouvrir une issue directe dans la mer.

La barre d'Aracan est par 20 degrés environ 12 minutes de latitude. Ce que l'on connoît de la rivière qui donne entrée dans le pays, se borne à ce qui est voisin de la mer. Ainsi l'origine de cette rivière n'est pas connue : mais j'ai beaucoup de penchant à croire que c'est un bras de la grande rivière d'Aûa, qui en détache beaucoup d'autres avant que d'arriver à la mer, & dont je parlerai dans la suite. Aracan est un royaume, sur les limites duquel on ne peut s'expliquer avec précision, & qui commençant dans le voisinage de Shatigan, que quelques écrivains de relations lui attribuent, se prolonge jusque vers la pointe de Negrais. Le nom du pays & de la nation, inconnu dans nos cartes, mais dont les auteurs Portugais font mention, est *Mog :* celui d'Aracan paroît emprunté de la ville capitale.

J'ai représenté l'entrée d'Aracan dans un plan particulier, & fort en détail. Il y a deux passes sur la barre, l'une & l'autre avec fond suffisant, comme on en peut juger par le braffiage ou les fondes, la passe de babord étant néanmoins la meilleure, parce qu'elle est plus large que celle de stribord. De cette entrée jusqu'à la pointe de Negrais, ce qui se remarque davantage est une île à quelques lieues au large, & de 6 ou 7 lieues de longueur, entre 18 degrés & demi & 19 de latitude, appelée Chedubé. Des écueils que les Portugais ont nommés Bufaras, à la pointe du nord de cette île, font à craindre. Les routiers Portugais marquent ensuite deux petites îles, Negamalé & Juncomalé, qui portent d'autres noms dans les cartes ordinaires, selon lesquelles Jaquemal est le nom des îles, que renferme un enfoncement de mer entre Aracan & Chedubé. Arimurim font quatre petites îles, par 17 degrés & demi de latitude, au rapport des routiers que je viens de citer. Le Bufle eſt une petite île entourée d'écueils, à la hauteur de 17 degrés 6 minutes. Quant au rivage du continent, il eſt coupé de divers bras de rivière, que je me crois bien fondé à regarder comme émanés de la grande rivière d'Aûa. Le cours de cette rivière n'eſt pas dans un grand éloignement de la côte. Je ſuis informé, que tout le terrein que traverſe ce fleuve dans ſa partie inférieure, depuis la hauteur de 19 à 20 degrés, eſt très-bas, & noyé en beaucoup d'endroits : de ſorte que le pays ne commence à être plus élevé, & la terre à ſe raffermir, qu'au deſſus de cette hauteur. Cependant le fleuve détachant différens bras ou canaux ſur la droite de ſon cours, depuis cette hauteur en deſcendant, ces canaux ne ſauroient avoir d'autre iſſue ou débouchement que dans la mer, dont le rivage eſt collatéral au cours du fleuve. Ce qui nous manque de connoiſſance ſur cet article, ne peut conſiſter que dans les circonſtances de détail ſur chacun de ces canaux.

La pointe de Negrais, où la côte change ſa direction vers le ſud pour courir à l'eſt, prend la hauteur de 15 degrés 50 & quelques minutes. M. Daprès a remarqué dans ſon routier de l'Inde, que les anciennes cartes portent ce cap trop au nord d'environ 12 minutes ; & la table de Pimentel marquant 16 degrés 6 minutes, eſt dans le même cas : mais, le P. Tachard, qui avoit été en relâche à Negrais, a rangé ce point au deſſous de 16 degrés dans une carte publiée en 1701. En écrivant Negrais ou Negraés, ſelon que les relations plus anciennes & originales ont écrit, je ne trouverai point mauvais qu'on diſe Negrailles, que la dépravation de ce nom a mis en uſage chez nos navigateurs. Mais, avant que de tourner la pointe de Negrais, il eſt important d'obſerver, que dans la carte de l'Inde, à partir du point de la barre d'Aracan, le rhumb général juſqu'à Negrais, qui dans preſque toutes les cartes devient le ſud à peu de choſe près, décline du ſud à l'eſt d'environ 13 degrés ; de ſorte que la longitude de Negrais prend un degré au moins ſur celle de la barre d'Aracan. Il réſulte de là, que nonobſtant qu'entre

S ij

Shatigan & Aracan, un gifement moins oblique dans la côte‑
refferre l'intervalle de longitude en cette partie, la totalité
entre Shatigan & Negrais n'eft pas moindre dans la carte de
l'Inde, qu'en toute autre qui fournit le plus d'étendue.

Comme le vice qui domine plus communément dans les
cartes, & dont en les compofant il femble plus difficile de
fe garder, eft celui d'étendre plus que moins les efpaces, &
qu'en cherchant à l'éviter dans la carte de l'Inde, je pouvois
craindre le foupçon du défaut contraire : après avoir couru
jufqu'à Negrais, j'ai fait le rapport de ce point à divers autres,
par confrontation avec les cartes dont on a lieu de juger plus
favorablement. Rapportant ainfi Negrais à *Segogora* ou au
cap des Palmiers, j'ai trouvé que je prenois plus d'efpace,
& quelques lieues au delà de ce qui réfulte de la carte plate
du golfe de Bengale dreffée par M. Daprès. Et vû que le
golfe de Bengale eft refferré dans fa largeur par deux pointes
qui fe rencontrent à peu près en même hauteur, Divi en
Coromandel, & Negrais au delà du Gange, l'intervalle qui
les fépare eft un de ceux que j'ai comparés. La carte de
M. Daprès fournit 11 degrés 35 minutes de longitude, qui
fur le parallèle de 16 degrés, moyen entre les hauteurs peu
écartées de Divi & de Negrais, reviennent à 223 lieues
marines, felon la graduation ordinaire & fphérique. Or, la
carte de l'Inde donne 219 lieues de la même mefure, ou
de 20 au degré. Elle ne fe trouve plus foible fur cet efpace,
qu'autant qu'elle eft plus forte entre Negrais & Segogora. Et
par là on doit être convaincu, qu'en fuppofant que j'aie ufé
de févérité fur l'étendue des efpaces, je n'y ai point apporté
d'excès. Je fuis perfuadé que M. Daprès ne prendra point
pour contradiction une différence de quelques lieues, fur en‑
viron 220. Dans Blaeu, une carte du *finus Gangeticus*, qui
certainement n'eft pas fans mérite, carte plate comme celle
de M. Daprès, ne fera compter que 205 lieues dans l'in‑
tervalle dont il s'agit.

La pointe de Negrais eft une terre ifolée. Car, formant
une baye à l'eft, il y a au fond de cette baye un canal, qui

va couper la côte & gagner la grande mer au nord de la
pointe. La baye renferme une île, que l'on nomme petite
île de Negrais, pour la diftinguer de celle que nous venons
de décrire. Vis-à-vis de la pointe de Negrais, c'eft une autre
île, que nos navigateurs nomment Porine, qui fait un des
côtés de la baye. A environ deux lieues au fud-fud-eft de la
pointe de Negrais, il y a au devant de la baye une petite
île, que nous appelons le Diamant, & les Portugais Duran-
diva; & plus au large eft une baffe prefque à fleur d'eau, que
ceux-ci ont nommée *Ilha Alagada,* ou île noyée. Au fud-
fud-oueft de Negrais, par la hauteur de 15 degrés eft l'île
Properais ou Preparis, qui avec les îlots & bas-fonds qui
l'accompagnent, occupe un efpace de 8 à 9 lieues, gifant
nord-nord-eft & fud-fud-oueft. Viennent enfuite les Cocos,
deux îles baffes, par 14 degrés environ 5 minutes de latitude;
dont la plus grande fituée vers l'eft à environ une lieue &
demie de la plus petite, peut avoir environ deux lieues de
tour. La diftance entre ces îles & la tête de la grande île
d'Andaman eft eftimée environ 9 lieues vers fud-oueft.
Quelques petites îles qui couvrent cette tête de l'Andaman,
font par 13 degrés 40 & quelques minutes; & de là l'île
s'étend vers le fud dans l'efpace d'environ 25 lieues. C'eft
une terre dangereufe à aborder : outre les écueils qui l'environnent, une nation d'Antropophages l'habite. Ces circonftances ne font point propres à nous procurer une connoiffance
bien précife du local. A la grande île d'Andaman fuccède ce
qu'on appelle Chique-Andaman, qui confifte en plufieurs
îles plus petites, répandues dans l'étendue d'un bas-fond,
qui fe termine vers le fud par la hauteur d'environ 10 degrés
& demi. Je n'oublierai point Narcondam, & d'autant moins
que ce que j'en trouve dans les Portugais ne répond point à la
pofition que nos cartes lui donnent. Le routier de Gafpar
Pereira dos Reys indique l'île Narcodaõ, ou Narcondam, à
6 lieues des îles des Cocos, 12 de la tête de l'Andaman;
& le rhumb de vent à l'égard de ce point il le détermine, *lefte
quarta de nordefte, meya quarta mais para lefnordefte,* c'eft-à-dire,

à peu près 17 degrés de l'eſt au nord. Selon les cartes Françoiſes, Narcondam s'écarte d'environ 25 lieues marines de la tête d'Andaman; & au lieu de prendre plus du nord, cette île baiſſe vers le ſud d'une fraction de degré, plus ou moins conſidérable ſelon différentes cartes. Je n'ai point opté entre cette diverſité d'opinions, ayant exprimé l'une comme l'autre dans la carte de l'Inde. C'eſt aux navigateurs qui ſeront portés dans ce parage, à décider laquelle des deux poſitions eſt plus conforme au vrai.

Je reviens à la pointe de Negrais, pour de là me porter à la barre de Sirian. La diſtance réduite en ligne directe n'eſt pas moindre de 50 lieues marines dans la carte de l'Inde; & il eſt conſtant qu'en vertu d'un tel eſpace, la route par mer doit conſumer près de 60 lieues, vû le circuit que fait la côte, & vû qu'il faut même s'en écarter, & prendre du large, pour éviter le banc dont elle eſt bordée. Les Portugais, & entre autres un de leurs marins plus pratiques de cette mer, & ſur les inſtructions duquel ils ſe fondent, Gaſpar Pereira que j'ai déjà cité, n'y compte que 36 lieues, en pluſieurs diſtances particulières relatives à différens lieux de la côte, par conſéquent en circulant plûtôt qu'en ligne directe. Quand on ſuppoſeroit que ce navigateur emploie ici les lieues ſur le pied d'environ 17 au degré, au lieu de 20, les 36 de la première meſure n'en vaudront guère que 42 de la ſeconde. Le coſmographe Pimentel ne marque qu'un degré 51 minutes de longitude entre *Ponta de Negraes* & *Barra de Siriaõ*, ce qui à la hauteur moyenne qu'il donne à ces points, ſavoir, 16 degrés environ 10 minutes, ne vaut qu'un degré environ 47 minutes de la graduation ordinaire ou ſphérique, conſéquemment 35 lieues & deux tiers ſur le pied de 20 au degré. De cette analyſe il réſulte, que l'emploi de 50 lieues en ce même eſpace nous met en riſque d'outrer la meſure, plûtôt que de la trop reſſerrer. Mais, vû que c'eſt dans le ſens de la longitude que court cet eſpace, il ne faut point pouvoir appréhender de l'avoir affoibli.

La barre de Sirian eſt par 16 degrés 20 & quelques
minutes de latitude. Pimentel n'ajoûte que 15 minutes aux
16 degrés. Un plan particulier de la rivière de Sirian, mis
à côté de celui d'Aracan dans la carte de l'Inde, repréſente
cette rivière dans un grand détail, en remontant juſqu'à la
ville de Sirian. Les ſondes marquées dans la rivière ſont le
braſſiage pris aux trois quarts de juſan en deſcendant. La fin
du flot augmente les ſondes de deux braſſés & davantage.
Mais, les braſſes marquées en dehors des deux pointes de
l'entrée, ſont pour la fin du flot, & à un tiers de juſan. Les
chiffres ſur les bancs marquent des pieds au bas de l'eau, à
quoi le flot ajoûte proportionnément au reſte du braſſiage.

On diſtinguera aiſément par la carte, que la rivière de
Sirian eſt proprement l'entrée de la rivière de Pegu, pluſtôt
que celle de la rivière d'Aûa. Il eſt vrai que la rivière d'Aûa
y communique par un de ſes bras, que l'on nomme rivière
de Dogon, ou Digon; dont l'entrée dans la rivière de Sirian
eſt peu au deſſous de la ville de Sirian, du côté oppoſé, qui
eſt celui de la gauche en montant, Sirian étant ſur la droite.
C'eſt ici le lieu de parler de la rivière d'Aûa, & de rendre
compte de ce qui m'a inſtruit de tout ce détail des divers
bras, entre leſquels elle ſe partage en approchant de la mer,
comme auſſi des circonſtances de ſon cours, en remontant
juſqu'à la ville d'Aûa, ce qu'aucune des cartes qui ont été
publiées n'a repréſenté de la même manière que dans ma
carte d'Aſie, comme dans celle de l'Inde.

Cet avantage me vient en grande partie d'une carte Hol-
landoiſe manuſcrite, qui a appartenu à Melchiſedec Thévenot.
Mais, en acquérant ce morceau avec pluſieurs autres preſque
également importans pour la Géographie, je l'ai malheureu-
ſement trouvé imparfait d'une des quatre grandes feuilles
dont il devoit être compoſé; & c'eſt en vain que j'ai ſollicité
un Miniſtre des Etats-généraux pour remplir le vuide, ſuppoſé que la même carte exiſtât en Hollande dans quelque
dépôt. Cette lacune d'environ 50 lieues ſur un eſpace qui
en vaut 200, je l'ai rendue ſenſible dans la carte de l'Inde,

en ne traçant que légèrement, & par des points, la partie du cours de la rivière qui m'a manqué, & sur laquelle la carte même avertit que je ne suis point instruit. A ce défaut près, le mérite du morceau dont je parle ne consiste pas seulement dans le détail qu'il donne lieu d'exprimer, mais encore dans la disposition générale de son objet. Il existe une petite carte gravée de la rivière d'Aûa, à laquelle on s'en est rapporté jusqu'à présent, & qui traçant cette rivière dans un grand espace de la partie supérieure de son cours, & en remontant, presque de l'ouest à l'est, au lieu de tendre vers le nord, range la ville d'Aûa par 21 degrés de latitude, ce que Desplaces dans ses Éphémérides, a mis au nombre des lieux déterminés en latitude. Or, cette même position de la ville capitale d'un grand État, qui en porte le nom, la carte Hollandoise l'établit à 25 degrés 20 minutes. Car, elle est munie d'une graduation, sans laquelle je n'aurois point connu avec précision ce que le vuide d'une feuille me déroboit d'espace dans le cours de la rivière. Voilà donc une erreur de plus de 4 degrés. A cela je suis obligé d'ajoûter, que si la rivière d'Aûa couroit ainsi que la petite carte dont je viens de parler le marque, la position de la ville d'Aûa franchissant tout l'espace qui appartient au royaume de Mieñ, qui est celui de Pegu, seroit transportée sur la frontière commune de Lao-tchua, qui est le royaume de Lao, & d'Yuñ-nañ, province de la Chine. C'est ce que la feuille supérieure de ma seconde partie de l'Asie peut mettre en évidence. Quand la carte manuscrite Hollandoise n'auroit servi qu'à redresser un point de Géographie de cette conséquence, nous lui aurions grande obligation.

Quant à la partie inférieure de la rivière d'Aûa, c'est en combinant quelques instructions, & une carte Portugaise avec la précédente, que j'ai cru parvenir à démêler les différens bras par lesquels cette rivière distribue ses eaux dans la mer. La carte Hollandoise ne fournit néanmoins autre chose à cet égard, qu'une communication entre la rivière de Dogon, & le canal principal du fleuve en remontant. Les

embouchûres

embouchûres plus confidérables font Bragu, qui paroît la plus directement émanée du fleuve, puis Dala, & Chinabaquel, cette dernière étant immédiate à la barre de Sirian, & en diftance de 6 ou 7 lieues. Ce qu'on appelle rivière de Dogon eft un canal tranfverfal, qui communiquant fucceffivement aux branches de Chinabaquel & de Dala, coule parallèlement au rivage de la mer, & conduit à la ville principale de ce canton de pays, qui eft Mero, où le canal de Bragu fe rencontre : & de Mero un pareil canal s'étend jufqu'à Negrais, après avoir paffé fous Cofmin, dont le nom fe retrouve dans l'hiftoire des Indes de Jarric, comme celui d'un royaume particulier, & eft auffi énoncé dans les plus anciennes cartes. L'infpection de la nouvelle carte de l'Inde fera mieux connoître que ce que je pourrois dire, la diftribution de ces canaux, & de plufieurs autres encore, indépendamment de ceux qu'il eft à préfumer que l'on ignore. Mais, la carte en repréfente fuffifamment pour nous apprendre, que la rivière d'Aûa ne le cède point au Gange, par rapport à cette divifion prefque infinie de branches en approchant de la mer. Et bien que l'un de ces fleuves foit beaucoup plus célèbre que l'autre, celui - ci néanmoins figure autant actuellement fur une carte, & prend pour le moins autant d'efpace dans fon cours. Car, depuis que les recherches des Jéfuites miffionnaires de la Chine nous ont inftruits fur le Tibet, on fait que toute l'étendue de ce pays d'occident en orient eft traverfée par un fleuve, dont les fources oppofées à celles du Gange, n'en font féparées que par le fommet d'une même montagne, de laquelle elles coulent également, en prenant feulement des routes différentes, favoir, le Gange vers le couchant, le Tfanpou vers l'orient. C'eft ainfi que s'appelle celui de ces deux fleuves qui parcourt le Tibet. Cette dénomination, de même que celle de Ganga, eft purement appellative, dans une autre langue que celle de l'Inde ; & n'étant point accompagnée de quelque nom particulier, défigne le Fleuve par excellence. Or, les pofitions combinées de l'Inde, du Tibet, & de la Chine, m'ont fait connoître ;

T

que le Tfanpou, après avoir traverfé un efpace de pays qui s'évalue plus de 300 lieues françoifes, ne peut être que cette rivière, que dans fa partie inférieure, & comprife dans l'Inde, on connoiffoit fous le nom de rivière d'Aûa.

Je dois à la carte Hollandoife le détail dont on n'étoit point informé fur la rivière de Pégu, entre Sirian & la capitale qui donne le nom à cette rivière, de laquelle on n'a point d'autre connoiffance. Dans la feconde partie de la carte d'Afie, je fais de cette rivière la continuation d'une rivière collatérale au Tfanpou dans le Tibet, & qui fort de la province Chinoife d'Yuñ-nañ fous le nom de Lu-Kian. Il eft conftant, que c'eft pour entrer dans Mieñ-Koué que cette rivière fort de l'Yuñ-nañ; & Mieñ-Koué, ou le royaume de Mieñ, eft le même que celui de Pégu, dont le nom a prévalu parmi les Européens que le commerce conduit dans l'Inde. Mais, le nom de Mieñ étoit établi dès le temps de Marc-Pol, au milieu du treizième fiècle, & ce voyageur fait auffi mention d'une ville de Mieñ, qui nous eft inconnue. Je remarque qu'il joint le royaume de Bengala à celui de Mieñ; d'où il réfulte que Mieñ dominoit dès-lors fur Aûa, dont il n'eft point parlé. Ce n'eft que dans le feizième fiècle, qu'un Roi d'Aûa, fujet du Roi de Mieñ ou de Pégu, a conquis & affervi le royaume dans la dépendance duquel il étoit auparavant. La rivière de Pégu détache un bras fur la gauche de fon cours, que l'on nomme rivière de Martaban, parce que débouchant dans le Macareo, grand enfoncement de mer à l'eft de la barre de Sirian, ce bras eft un canal ouvert pour fe rendre à Martaban. Je tire d'une carte Portugaife la manière de figurer les entours de Martaban, que nos cartes ne connoiffent point, quoique la repréfentation que je cite foit gravée. La barre eft par 16 degrés 5 minutes, felon la table de Pimentel. Au devant font plufieurs petites îles, & une plus grande au large, qui eft une terre haute, qu'on appelle l'île du Roi.

Entre la barre de Martaban & le point de Merghi, je ne connois point de carte qui mette plus de divergence dans le

giſement de la côte que la carte de l'Inde, où cette divergence eſt d'environ 7 degrés du ſud à l'eſt. En général, j'ai
eu très-à cœur dans la compoſition de cette carte, de ne point
épargner l'eſpace qui prend ſur la longitude. Je ſuppoſe Mèrghi
plus oriental que la barre de Martaban d'un demi-degré, &
la table de Pimentel ne fait la différence que de 18 minutes.
Il y a des cartes qui donnent lieu à une plus grande meſure
d'eſpace que la carte de l'Inde, entre la tête d'Andaman &
les îles qui ſont au devant de Merghi. Mais l'excès vient en
grande partie du giſement d'Andaman à l'égard de la pointe
de Negrais, plus oblique vers l'oueſt d'environ 3 degrés que
dans la carte de l'Inde. Sans inſiſter ſur ce point, je me
borne à dire, qu'en adhérant à une grande carte manuſcrite
que j'ai de ces parages, dreſſée par un navigateur françois
en 1728, & dont le plan particulier de la rivière de Sirian
eſt une annexe, qui peut en donner bonne opinion; le giſement dont il s'agit auroit environ 8 degrés de moins du ſud
à l'oueſt, à quoi ſi l'on ajoûte 3 degrés, il en réſultera un
quart de vent de différence en ramenant vers le ſud. La carte
de l'Inde, qui n'admet qu'environ 83 lieues marines entre
la côte d'Andaman, & l'île de Tanaſſerim vis-à-vis de Mèrghi,
devient donc plus ſerrée en cette partie, que les cartes qui
en conſument 90. Mais, la carte de Pieter-Goos ne fait
compter en cet eſpace qu'environ 77 lieues. Et nonobſtant
que la diſtance qui reſte de l'île de Tanaſſerim à Merghi,
ajoûte environ 18 lieues, les longitudes & latitudes marquées par Pimentel ne fourniſſent au calcul que 88 lieues dans
tout l'intervalle de l'île d'Andaman, *na cabeça do norte*,
juſqu'à *Merguim, na entrada da barra de Tanaſſarim.* La
carte de l'Inde, en ajoûtant 18 à 83, s'étend au moins
juſqu'à 100. Indépendamment de ce qui peut ſembler poſitif
en cette diſcuſſion particulière, il y a une réflexion à faire en
général par rapport aux cartes dreſſées pour l'uſage de la
marine. C'eſt qu'en ſuppoſant quelque incertitude ſur la
détermination précise d'un eſpace de mer, il eſt prudent
d'être réſervé pluſtôt qu'abondant ſur la meſure; parce qu'il

T ij

y a moins d'inconvénient pour le navigateur en pointant la
carte, à se croire prêt d'aterrer, qu'il n'y a de risque à se
persuader d'avoir un plus grand espace à courir. Qu'il me
soit permis de dire par dessus cela, que ce qui résulte presque
universellement des mesures d'espace, à proportion de ce
qu'elles sont mieux reconnues, & corrigées d'une première
estime ou évaluation, est de les trouver moins relâchées ou
plus resserrées.

On ne connoît bien d'autre lieu sur la côte entre Martaban & Merghi, que Tavay, ville située au fond d'une baye.
Merghi est un port fréquenté, entre plusieurs embouchûres
d'une grande rivière, laquelle passant sous la ville de Tanasserim, en tire le nom dont on l'appelle communément.
Tavay, Merghi, Tanasserim, sont des dépendances de l'Etat
de Siam, que les cartes prolongent encore 100 lieues plus loin
le long de cette côte jusqu'aux limites de Queda. La mer
aux environs de Merghi est semée d'îles en grande quantité,
ce qui forme une espèce d'Archipel, dont la carte de l'Inde
donne la représentation dans un plan séparé, lequel n'est pas
en tout point le même que ceux qu'on en a précédemment
donnés. D'ailleurs, le plan inséré dans la nouvelle carte, ajoûte
aux autres le détail du cours de la rivière jusqu'à Tanasserim,
ce que je ne sache pas avoir été publié comme une carte manuscrite me le fournit. Ceux qui voudront être bien instruits
de la manière de se gouverner au travers des îles de toute
grandeur qui couvrent l'abord de Merghi, consulteront le
routier de l'Inde de M. Daprès, auquel on prendra d'autant
plus de confiance, que c'est sur ses propres observations
qu'il guide les navigateurs.

En tirant une ligne de la barre de Martaban à la pointe
du nord de l'île de Junkselon, la position de Merghi est
dans l'enfoncement à l'égard de cette ligne, la mer creusant
un peu la terre dans l'intervalle de Martaban à Junkselon.
Car, depuis Martaban jusqu'à Merghi, cette côte ne courant
au sud qu'en déviant un peu vers l'est, elle reprend le sud
plein, & quelque chose même vers l'ouest au delà de Merghi.

& en tendant vers Junkſelon. Les cartes qui n'ont point
éprouvé d'altération en ce giſement, le donnent ainſi, &
d'autres tiennent au moins rigidement le rhumb du ſud, ſans
déclinaiſon aucune vers l'eſt. Il eſt vrai, que pour ranger Malaca dans une longitude que je ne pourrai me diſpenſer de
diſcuter ci-après, il falloit faire ſouffrir à cette côte une
déclinaiſon marquée du ſud vers l'eſt. Les mémoires des
navigateurs Portugais ne favoriſent point cette déclinaiſon, en
n'admettant pas un degré complet de longitude (5 5 minutes
dans Pimentel) entre Merghi & Queda. Car, vû qu'entre ſa
pointe du nord de Junkſelon, & la barre de Queda, ſans aller
juſqu'à la ville de ce nom, diverſes cartes trop circonſtanciées
pour ne pas ſuppoſer de la juſteſſe, ſont entrer un degré 3 0 &
quelques minutes de longitude; ſi la longitude de Queda n'eſt
eſtimée que d'un degré plus orientale que Merghi, il s'enſuit
que la pointe de Junkſelon recule dans l'oueſt de plus d'un
demi-degré à l'égard de Merghi. Je veux bien que ce réſultat
ne ſoit pas adopté en rigueur, puiſqu'entre Merghi & Queda
la carte de l'Inde admet plus d'un degré : mais, il eſt du
moins aſſez contraire à la déclinaiſon dont j'ai parlé, pour
la rendre ſuſpecte, & donner plus de créance au giſement
oppoſé.

Au ſud des îles qui ſont devant Merghi, il y en a une
qui ſe diſtingue par ſon étendue de 8 ou 9 lieues du nord au
ſud. Elle ſe nomme *Ilha do Mel*, autrément *Ilha Clara* dans
les routiers Portugais, qui marquent ſa hauteur à 8 degrés
1 0 minutes, ce qui convient à peu près par le travers de
ſa longueur. Je trouve enſuite dans les cartes les îles de S.te
Suſanne. Les mêmes routiers ſont mention d'une île de S.t
Matthieu par 9 degrés & demi. Les îles nommées Seyer ſont
indiquées par 8 degrés environ 3 0 minutes, à 1 2 ou 1 3
lieues oueſt de Junkſelon. Bangri, ou ſelon les Portugais, Ban-
garim, eſt le lieu de la côte le plus connu avant que d'arriver
à Junkſelon. M. Daprès a rapporté de l'Inde un plan ſingu-
lièrement bien circonſtancié de Junkſelon & des environs.
Je le répète en particulier dans la carte de l'Inde, eû égard

à ce que dans un autre plan manuſcrit que j'ai de ce parage, & qui fournit un grand détail juſqu'à Queda, la pointe de terre ſous le nom de Lontar n'eſt point du continent, mais une île bien décidée par un canal qui la ſépare, & à l'eſt de laquelle s'étend une baye profonde, ce qu'aucun plan n'a indiqué ni figuré juſqu'à préſent. La côte de l'Inde, la poſition des îles qui ſont au devant, juſqu'à Pulo-Pinang, m'ont paru bien travaillées dans les cartes qui m'ont ſervi en cette partie. Pulo-Buton eſt un point de reconnoiſſance pour ceux qui ſont route vers Malaca, en rangeant la côte du continent pluſtôt que celle de Sumatra. On ſait que Pulo en langue Malayenne ſignifie une île. Les Portugais paroiſſent aſſez précis dans l'indication de la latitude de celle-ci à 6 degrés 3 5 minutes. Ils appellent *Ilhas da Pimenta,* les îles que l'on connoît au ſud-eſt de Pulo-Buton, ſous le nom Malayen de Pulo-Lada, qui ſignifie île du Poivre, de même que la dénomiñation Portugaiſe. L'entrée du détroit de Malaca peut ſe déterminer par une ligne, qu'on imaginera tirée de Pulo-Pinang à Tanjong-Goere, ou à la pointe du Diamant, en Sumatra.

Les bornes de la carte ne m'ont point permis de m'étendre dans ce détroit. La carte de l'Inde en ſon premier objet, étoit plus limitée qu'elle n'eſt actuellement, & renfermée dans deux feuilles, qui en font à la vérité la plus grande & principale partie : & ſa gravure étoit commencée, lorſque pour répondre au deſir de la Compagnie, j'y ai fait une augmentation, en ajoûtant deux demi-feuilles, pour être jointes au côté des deux feuilles entières. Les limites dans la bande du ſud, que la hauteur ſuffiſante à ce qui conſtituoit d'abord le ſujet de la carte avoit déterminées, ont ſubſiſté. Mais, ſi la carte de l'Inde ne conduit pas juſqu'à Malaca, la ſeconde partie de ma carte d'Aſie peut y ſuppléer, & rendre ſenſible ce que j'ai à dire ſur la longitude de ce point.

On trouve diverſes indications de la longitude de Malaca, comme déterminée aſtronomiquement. Dans les tables de M. de la Hire, 97 degrés 5 0 minutes, en comptant du

méridien de Paris. Dans la Connoissance des temps, 99ᵈ
45′. La diversité n'est pas peu considérable. Desplaces, dans
la table qui suit ses Éphémérides, cite les P P. Beze &
Comille, Jésuites, pour une détermination à 97ᵈ 30′. En
prenant le lieu moyen entre ces indications, on aura 98ᵈ
37′ ½. Mais, vû l'incertitude qui résulte d'une pareille
diversité de position, on ne peut mieux faire que de recourir
aux cartes qui méritent considération ; & en les consultant
on remarque, que le point de Malaca est précisément rangé
au même méridien que la barre de Siam. C'est sur quoi
les cartes Portugaises concourent avec les meilleures cartes
& plus amples, que nous devons aux Hollandois, qui ayant
extrêmement enchéri sur le travail des Portugais en ce genre,
ne s'en sont pas tenus à les copier. Indépendamment de la
carte hydrographique du cosmographe Portugais Texeira,
que Melchisedec Thévenot a rendue publique dans son recueil
de Voyages, la table de Pimentel met Malaca & Siam en
même lieu de longitude. Or, la détermination de Siam, sur
laquelle il y a plus de fond à faire que sur beaucoup d'autres,
& moins équivoque spécialement que les indications ci-dessus
rapportées de Malaca, est de 9 8 degrés & demi : donc, la
même longitude à quelques minutes près, que celle qui se
conclut du lieu moyen des indications de Malaca.

Il m'a paru difficile, en voulant déférer à une indication
plustôt qu'à l'autre, & sur-tout à celle de la Connoissance
des temps, qui recule davantage la position de Malaca dans
l'est ; de violenter considérablement des cartes, qui par l'ex-
pression d'un grand détail, comme on le trouve dans les
cartes Hollandoises, ne paroissent pas légèrement faites. Car,
sur un espace de moins de 1 2 degrés de latitude entre Malaca
& la barre de Siam, déranger l'aire de vent au point d'amener
la différence à un degré un quart de longitude, & par une
hauteur où le degré de longitude est réputé valoir à peu
près celui de latitude, c'est sur l'orientement au moins 1 0
degrés d'altération. Mais, sans m'arrêter entièrement à cette
considération générale, ayant pris soin d'étudier le résultat

d'une fuite de relèvemens que j'ai recueillis, depuis le débou-
quement du détroit de Sincapura & Pulo-Timon jufqu'à la
barre de Siam, & que l'on trouvera même prefque com-
plettement dans le routier de M. Daprès, je n'ai point vû
de diverfité marquée qui contrariât les cartes. De manière,
que fans fuivre littéralement les meilleures cartes, & en
cherchant même à m'en écarter plus que moins, le lieu de
Malaca ne m'a paru divergent dans l'eft à l'égard du méridien de Siam, que d'environ un cinquième de degré. J'ajoûte
à cela, que pour éviter tout rifque de ne pas prendre affez
fur la longitude dans le reculement du point de Malaca,
je me fuis écarté de la longitude de Siam d'environ un tiers
de degré. Ainfi, dans ma feconde partie de l'Afie, & il en
feroit de même dans ma carte de l'Inde fi elle s'étendoit plus
loin, Malaca eft rangé par 98 degrés 50 minutes de longitude, à compter de Paris, tandis que Siam demeure par
98^d 30'.

Il femble que beaucoup de variation dans les indications
de la longitude de Malaca, auroit dû faire foupçonner un
défaut de précifion dans cette détermination. Pour amener
Malaca à l'indication de la Connoiffance des temps, il étoit
néceffaire dans les cartes marines qu'on a dreffées, de prendre
fur le gifement des côtes, de donner peut-être la préférence
aux eftimes de navigation les plus fortes, fur les plus communes & les plus foibles. Mais, nonobftant ces opérations,
le point de Malaca ne peut fe foûtenir dans la longitude
qu'on lui donne en ces cartes. Car, en admettant même
tout l'efpace de longitude qu'elles prennent, depuis l'entrée
du Gange & le cap des Palmiers jufqu'à Malaca; il faut fe
rappeler que les obfervations aftronomiques réitérées par le
P. Boudier à Shandernagor, nous ont procuré une détermination de longitude, de laquelle on n'appellera point, &
qui fait déduction d'environ un degré fur la longitude que
les cartes attribuoient au cap des Palmiers. De forte que cette
réforme de longitude influe fur Malaca, & rapproche ce
point d'autant plus inévitablement, qu'il paroît certain qu'on

n'a

n'a point épargné l'espace dans tout l'intervalle qui court depuis le Gange jusqu'à Malaca. Il y auroit une autre longitude à relever, dont on a fait usage comme d'une détermination astronomique, quoique cette longitude n'en ait point le caractère & les conditions. C'est de Pulo Condor dont je veux parler. La longitude de cette île, qui a été adoptée dans les cartes marines, quoique trop écartée dans l'est d'environ un degré, pouvoit paroître convenable par une suite du même défaut dans la position de Malaca. Mais, cette discussion m'écarteroit de mon sujet actuel, dans lequel je me renferme.

La position de la presqu'île Malayenne entraîne après elle celle de Sumatra, dont il étoit essentiel que la tête ou la partie plus avancée vers le nord se montrât dans la carte. M. Daprès, & pareillement l'auteur du Pilote Anglois, ont donné des plans de la rade d'Ashem & de ses environs. Les îles qui couvrent cette rade au nord & à l'ouest, les différentes passes pour y arriver & pour en sortir, font bien connues au moyen de ces plans. C'est de M. Daprès en particulier que j'ai tiré le détail des îles qui font entre le canal de Sombrero & Car-nicobar. Plusieurs cartes m'ont fait séparer Car-nicobar en deux îles, au lieu d'une. A l'égard de Nicobar, on est bien instruit qu'un canal, auquel le nom de S.ᵗ George a été donné, & qui a été navigué, en fait la division. Cette suite d'îles nous ramène vers celles d'Andaman, que l'on distingue par le nom de Chique-Andaman. La pointe de Sumatra faisant avec la côte de Ceilan, & environ par la même hauteur, la clôture du vaste golfe autour duquel nous avons circulé, il est naturel de vouloir connoître ce qui est donné d'espace dans l'ouverture de ce golfe. Entre les positions de Ponta de Gale en Ceilan, & d'Ashem en Sumatra, ce que la construction de la carte de l'Inde fait trouver d'intervalle équivaut 13 degrés environ trois quarts de la graduation de latitude, conséquemment 275 lieues marines ou de 20 au degré. Les Portugais y comptent en longitude 14 degrés, qui selon la graduation sphérique étant

V

preſque égaux à la latitude en pareille hauteur, ſont cenſés répondre à 280 des mêmes lieues. Pieter-Goos n'y fait entrer que 13 degrés & demi, ou 270 lieues. La carte du golfe de Bengale dans Blaeu ne donne pas même 13 degrés bien complets. Je doute qu'une plus grande étendue en cet eſpace ſoit mieux conſtatée que celle qui roule aux environs de 280 lieues. Il faudra du moins défalquer ce qui abonde par un trop grand écart dans la poſition de Malaca en longitude. Quand on produiroit une eſtime de courſes de mer ſur ce parallèle, & d'un point à l'autre directement, ce moyen prévaudra-t-il par la préciſion, ſur l'obſervation du giſement des côtes, dont l'eſpace en queſtion, & qui eſt embraſſé par ces côtes, réſulte ici preſque entièrement?

Quoique tout ce que renferme la carte de l'Inde paroiſſe terminé, ce que je dois à la Géographie ne me permet pas de négliger ce qui l'intéreſſe par rapport à l'Antiquité; d'autant moins que l'ayant rappelée dans la diſcuſſion des parties de l'Inde qui ont précédé, j'en ſerois plus blâmable de l'omettre totalement en celle-ci.

Ptolémée eſt ſeul parmi les Anciens, qui fourniſſe matière à un examen ſuivi & circonſtancié. L'application que les géographes modernes ont faite de ſes connoiſſances, eſt, ſelon mon opinion, portée beaucoup trop loin : & avant même que d'entrer en aucun détail, il faut en général convenir, qu'il y aura plus de vrai-ſemblance à les trouver limitées, qu'exceſſivement étendues. Ce que les parties moins reculées, celles qui ſe diſtinguent le mieux & ſans équivoque dans Ptolémée, ont d'imperfection, ne fait-il pas préſumer, que de foibles inſtructions ne devoient pas le conduire aux extrémités du Monde aujourd'hui connu? Des îles, qui par la ſituation que leur donne Ptolémée, ſe renferment dans le golfe de Bengale, M.rs Sanſon, & M. Deliſle, en ont fait toutes les îles de l'Aſie, depuis le détroit de la Sonde juſqu'au Japon incluſivement. Les *Maniolæ*, dont la longitude dans Ptolémée eſt en deçà de celle où il place le Gange, pluſtôt qu'au delà, ont été tranſportées juſqu'aux Philippines, ſans avoir égard à la fituation, & fans juger qu'un géographe de l'Antiquité, n'ayant que des lueurs de connoiffance fur quelques pays contigus à la partie de l'Inde voifine du Gange, ne pouvoit porter fes yeux auffi loin. Mais, il a fuffi, felon toute apparence, pour rejeter en un tel éloignement les *Maniolæ*, qui fe reconnoiffent bien mieux dans les petites îles d'Andaman, d'y trouver de la reffemblance avec le nom de Manille. On convient bien, que l'analogie dans la dénomination eft un moyen de fe fixer : mais, ce moyen doit être fubordonné à une convenance de fituation, & ne peut avoir lieu qu'autant qu'il ne la choque point ; fans quoi on trouvera dans la multitude des dénominations qui auront quelque rapport entre elles, de quoi mettre beaucoup de confufion dans toutes les parties de la Géographie indiftinctement. Les îles des Satyres dont Ptolémée fait mention, conviendront mieux aux îles de Pulo-Condor, vis-à-vis de Camboja, quand on y procédera avec ordre & critique, qu'aux îles du Japon, jufqu'où on les trouve infcrites dans une des cartes qui ont été données comme repréfentant le Monde connu des Anciens.

En jetant les yeux fur la carte dreffée fur Ptolémée, divers lieux immédiatement à la fuite du Gange fe reconnoiffent d'une manière diftincte. Les rivières qui y font marquées conviennent à celles de Shatigan, d'Aracan, & autres. Le *Baracura emporium* fe peut rapporter à l'entrée d'Aracan, où le nom de l'île Burongo eft affez analogue à celui de Baracura. Les villes *Sada*, & *Berabonna*, qui viennent à la fuite, confervent fur cette côte entre Aracan & Negrais les noms de Sedoa & de Barabon. Ptolémée marque vis-à-vis une île, fous le nom de *Bazacata*, habitée par des hommes qui vont nuds, nommés *Aginnatæ*. Et comme la plus apparente des îles au devant de la même côte eft Chedubé, il eft naturel de l'y reconnoître. Elle eft occupée par un peuple fauvage, de la nation des *Mogos*, & *gente traidora* comme en parle Pimentel. Dans Ptolémée fuccède un promontoire, avec une rivière de même nom, qui eft *Tamala ;* & faifant enfuite courir la côte vers l'orient, chacun y reconnoîtra la pointe de Negrais, le bras de la rivière d'Aüa qui s'y rend, & la côte qui tend à Sirian. *Mareura*, que Ptolémée marque dans les terres avec la qualité de métropole, eft indubitablement la ville de Mero. La direction que l'on voit donnée à la côte dans Ptolémée, forme un golfe, qui tire le nom de *Sabaracus* d'une ville maritime *Sabara*, qui conviendroit à l'entrée de la rivière de Bragu. Ce golfe aboutit à une rivière nommée *Bezynga*, avec un port de même nom, & qui donne au pays d'alentour le nom de *Bezyngitis ;* ce qui s'applique bien à la rivière comme à la contrée du Pégu. Jufqu'ici le rapport des lieux & circonftances eft affez marqué. Ptolémée tournant enfuite vers le fud, & s'avançant dans la Cherfonèfe ou prefqu'île d'Or, il faut en venir aux îles, lefquelles font prefque toutes placées dans une fituation qui les range en deçà de cette prefqu'île. De quelle autorité les rejetterionsnous au de-là, puifque c'eft uniquement dans Ptolémée que nous les trouvons.

La pofition qu'il donne à celle dont le nom eft Ἀγαθῦ δαίμονος, ou de Bonne-Fortune, ne fe rapporte mieux qu'à la grande Andaman. Le nom feul peut répugner, fi l'on veut, à l'égard d'une terre occupée par des Anthropophages : mais, toutes les autres îles, y compris les *Maniolæ*, placées comme étant immédiatement voifines, ainfi que les petites îles d'Andaman le font de la grande, Ptolémée les donne à des Anthropophages. *Baruffæ* & *Sindæ*, lefquelles font marquées comme prefque contigues entre elles, & un peu au-delà des précédentes, fe retrouvent manifeftement dans celles de Car-Nicobar & de Nicobar. *Saba-dibæ*, qui viennent après, & dont la dénomination rappelle le terme appellatif Indien, *dive* ou *dibe*, prennent la place des îles qui font au devant de Sumatra. Et leur fituation conduit dans Ptolémée, malgré quelque éloignement qui ne tire point à conféquence, vû que la grande précifion n'y eft pas exigible, conduit, dis-je, à l'αβαδίῦ νῆσος, ou l'île d'Orge, dont la capitale, nommée Ἀργύρη, ou *Argentea*, placée à la tête de l'île, repréfente

Ashem. Il est vrai, que le métal des mines du royaume d'Ashem rendroit plus convenable la dénomination de ville d'Or, que celle de ville d'Argent. Mais, quoique la richesse en or soit particulière à Sumatra, plustôt qu'à la presqu'île Malayenne, cette presqu'île n'en est pas moins ce que l'Antiquité a désigné sous le nom de *Terre d'or,* plustôt que Sumatra. D'ailleurs, Ptolémée lève toute difficulté, en disant, que l'île *Jabadii* est abondante en or. Ces applications se renferment dans bien moins d'espace, que celles qu'on a faites des mêmes objets en toutes les cartes modernes. Car, nonobstant les excès de Ptolémée dans l'emploi de la longitude, ce qu'il n'étend qu'à 27 degrés, on l'a étendu jusqu'à 50, & même autant en latitude qu'en longitude. Il semble que le motif de remplir le papier ait dominé les géographes, qui n'ont rien omis de l'Asie & de l'Afrique, qui en ont complété le continent & les dépendances, quoiqu'il fût question de présenter au Public l'image du *Monde connu des Anciens.*

Je passe maintenant à la Cherfonèse d'Or, ou presqu'île Malayenne. Il ne faut pas attendre de Ptolémée qu'il n'ait aucun défaut dans sa représentation. Quoiqu'il pût être mieux informé d'une partie de l'Inde qui est moins reculée, comment donne-t-il lieu par ses positions de figurer la presqu'île de l'Inde en deçà du Gange ? Sachons-lui gré d'avoir connu le nom de *Malay* dans celui d'un promontoire de la presqu'île de Malaca, qu'il nomme *Malœu-colon.* Le golfe profond qu'il marque à l'est de cette presqu'île, sous le nom de *Perimulicus,* tiré de celui de *Perimula,* ville maritime, n'existant point ; il y a plus d'apparence en faisant une correction, dont on ne sauroit disconvenir que la Géographie de Ptolémée ne soit susceptible, de prendre ce golfe pour l'enfoncement du golfe de Malaca, à l'ouverture duquel est une petite île nommée Pera, & sur un des côtés la ville & la rivière de Perac. Ce golfe se termine dans Ptolémée par un promontoire très-avancé, & nommé Μέγας, ou le Grand, ce qui ne peut mieux s'entendre que du cap Romania, où aboutit la presqu'île;

& duquel la côte tourne subitement au nord, pour former
le golfe de Siam, très-profond, & assez reconnoissable dans
Ptolémée sous le nom de Μέγας κόλπος. Je remarque même,
qu'à l'entrée de ce golfe, le lieu qu'il nomme *Thagora*,
conserve dans une situation très-correspondante & au nord
du cap Romania, le nom de Tingoran. Cette circonstance
justifie la position que nous donnons au grand promontoire,
& par une suite de cette position, ce que j'ai cru qu'on
devoit entendre par *Sinus Perimulicus*. Ptolémée fait tomber
à la gauche du golfe qui est celui de Siam, une grande
rivière sous le nom de *Daona*, passant à quelque distance
de la mer par une ville nommée pareillement *Daona*. Or,
comme à ce rivage du golfe il n'arrive aucune rivière considérable, & que de l'analogie dans la dénomination, & la
communauté de nom entre la ville & la rivière, m'indiquent
Tanasserim, je regarde l'embouchûre de Daona comme
déplacée d'une côte à l'autre dans Ptolémée, que nous ne
devons pas en bonne critique juger correct en tout point.

C'est par un promontoire nommé *Notium*, opposé au
Megas ou grand promontoire, que Ptolémée termine le
grand golfe, ou golfe de Siam. Donc, ce *Notium* est la pointe
de Camboja. Il est vrai que cette pointe ne descend pas
autant en latitude que dans Ptolémée. Mais, ce degré de
précision n'est pas à requérir, lorsque prolongeant la même
côte il la fait courir au sud, & traverser la ligne équinoxiale,
rejetant la ville capitale du pays qu'il appelle celui des *Sines*,
dans l'hémisphère austral. A peu de distance du *Notium*,
Ptolémée marque un second promontoire, celui des Satyres,
au-devant duquel sont les îles pareillement nommées Σατύρων,
que maintenant on est bien à portée de reconnoître pour
celles de Pulo-Condor, selon que je l'ai avancé précédemment. Des singes de grandeur presque humaine qui habitent
les forêts de ces îles, & qu'on a qualifiés de satyres, ou pris
pour des hommes ayant des queues, ont donné lieu à la
dénomination. Et c'est dans ce parage que se termine la
Géographie de Ptolémée, quoique plus reculée, en même

temps que plus circonstanciée dans son extension, que tout ce que fournit l'Antiquité. Je reconnois les mêmes limites dans la géographie d'Édrisi, qui achève la description du climat, dont le pays qu'il nomme Sin est l'extrémité, par une île qu'habite une nation portant queue, (*gens caudata* dans la version,) sans en excepter le prince qui commande à cette nation.

Mais, dira-t-on, pourquoi ne pas arriver jusqu'à la côte de la Chine, puisque ce même parage dans Ptolémée est celui des Sines? A cela je répondrai, que Ptolémée n'atteint point ce que nous appelons actuellement Chine, mais Camboja, & *Kao-tcii-tsin*, ou la Cochinchine, laquelle ainsi que Gañ-nañ ou Ton-kin, faisoit autrefois partie de la Chine, & dont le peuple a beaucoup de choses communes avec les Chinois. Les géographes qui ont transporté *Thinæ* ou *Sinæ*, la capitale des Sines selon Ptolémée, dans la position de la ville qui est connue sous le nom de Nañ-kin, & qui aujourd'hui dégradée par la Dynastie régnante en Chine de sa dignité de *Kin*, ou de cour impériale, a pris le nom de Kian-nin-fu, se sont grandement mépris. La prééminence de cette ville sur toutes les autres sous la Dynastie des Tay-min, qui a précédé la Dynastie actuelle, en a imposé aux géographes. Ils n'étoient point informés, que la ville dont ils faisoient choix à raison de sa dignité, n'est sortie du rang des villes ordinaires, pour monter à celui de capitale & de siège de l'Empire, qu'au commencement du quatrième siècle, lorsqu'un prince de la nation Tartare des Hiun-nu, enleva à l'Empereur Chinois de la Dynastie de Tçin, Lo-yan & Si-gañ, qui étoient les villes impériales. Si-gañ dans la province de Cheñ-si, jouît long-temps seule de cette prérogative, & dès les premiers temps de la monarchie : & Lo-yan dans la province de Ho-nañ, & nommée actuellement Ho-nañ-fu, partageoit la même dignité à remonter 770 ans avant l'ére chrétienne. Or, Ptolémée ayant vécu sous Adrien & Antonin-Pie, a devancé d'environ deux siècles l'élévation de Nañ-kin au rang de capitale. Et les villes qui de son temps exiſtoient ſur ce pied-là, étant éloignées de la mer la plus prochaine, l'une de plus de ſix vingts lieues, l'autre de plus de 180, aucune des deux ne ſauroit être *Sinæ metropolis* mentionnée dans Ptolémée, qui ne recule cette ville qu'à une petite diſtance de la mer. Il y a pareillement anachroniſme, & même plus conſidérable, à prendre dans Ptolémée *Sera metropolis* pour Pe-kin, comme a fait un géographe, ſans autre fondement apparent qu'une confuſion de capitales. Car, Pekin n'a été ville impériale que ſous la Dynaſtie des Khitan Tartares, ou Leao, dont cette ville étoit le Nañ-kin, ou la cour méridionale, ayant établi leur Pe-kin, ou cour ſeptentrionale, dans la Tartarie. Et la domination des Leao ſur une partie de la Chine n'a commencé que plus de 900 ans après l'ére chrétienne. D'ailleurs, la ſituation du pays appelé *Serica* ne convient point aux provinces du nord de la Chine. C'eſt ce que j'ai amplement diſcuté dans un ouvrage qui eſt un mélange d'hiſtoire & de géographie concernant la Tartarie, & que je rendrai public ſi l'occaſion s'en préſente.

C'en eſt peut-être aſſez d'avoir montré le grand déplacement qui a été fait de la capitale des Sines mentionnée dans Ptolémée, ſans qu'on ſoit tenu en rigueur d'y ſubſtituer une détermination préciſe de ſon vrai lieu. J'en ai toutefois fait la recherche. Selon l'E'driſi, dans la neuvième partie du premier climat, le premier port de Sin eſt Lucqin. Abulfeda ajoûte, que ce port de Sin eſt voiſin d'une très-grande rivière; & j'ai découvert que Loukin eſt encore le nom d'une branche de la grande rivière de Camboja, dont les bouches ſont vis-à-vis de Pulo-Condor. Ainſi, les géographes Arabes ſont d'accord avec Ptolémée, à donner le même nom de *Sin* au pays que nous avons jugé lui convenir. Au delà de Lucqin, & dans le ſecond climat, neuvième partie, correſpondante à la même partie du premier climat, l'E'driſi fait mention d'une ville maritime, compriſe, dit-il, dans le pays de Sin, ſous le nom de Caitaghora. Or, dans Ptolémée nous trouvons *Cattigara* comme un port des Sines. Dans la partie ſuivante ou la dixième du même climat, l'E'driſi parlant

d'une

d'une ville dénommée *Sinia Sinarum,* selon la traduction
des Maronites, ou Sinia des Sines; il est d'autant plus vrai-
semblable qu'il ne faut point chercher ailleurs la capitale des
Sines de Ptolémée, qu'elle subsiste encore sous le nom de
Sin-hoa, dans un district de la Cochinchine, nommé Toan-
hoa, comme on peut voir dans la seconde partie de la carte
d'Asie. Ajoûtons, que cette ville a été plus florissante qu'aucune autre du même pays, avant que l'entrée d'une rivière
qui en descend eût été bouchée par les sables. Je me persuade
de l'avoir reconnue dans Marc-Pol, sous le nom de Zaiten,
la plaçant entre les provinces méridionales de la Chine &
le pays de Ciampa. Abulfeda cite Zeitun comme un port
du pays de Sin; & sur le rapport de gens qui y avoient
abordé, il dit que cette ville est située à une demi-journée de
la mer, sur un canal d'eau douce, ce qui est vérifié par la
situation de Sin-hoa. Marc-Pol en parle comme d'un des
plus riches marchés de l'univers, correspondant par son commerce avec Alexandrie, & dont l'Empereur Coblai, régnant
de son temps, tiroit un très-grand revenu.

Je me suis laissé conduire jusque-là, par l'envie d'éclaircir
un point aussi important que celui qui fait le terme de l'ancienne Géographie, terme fort méconnu, & caché jusqu'à
présent dans la plus grande obscurité. C'est aussi par-là que
je mettrai fin à la discussion géographique de l'Inde.

FIN.

TABLE

Qui indique principalement les LIEUX mentionnés en
cet ouvrage, & les AUTEURS qui y font cités.

*Les noms des Auteurs font en Italique, & on a diftingué par une étoile
les lieux qui concernent l'ancienne Géographie.*

N

T

Fin de la Table.

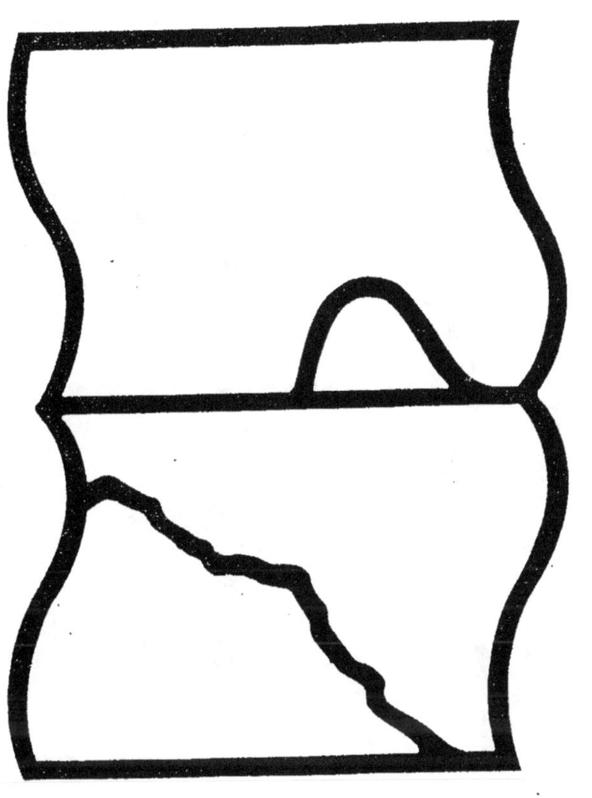

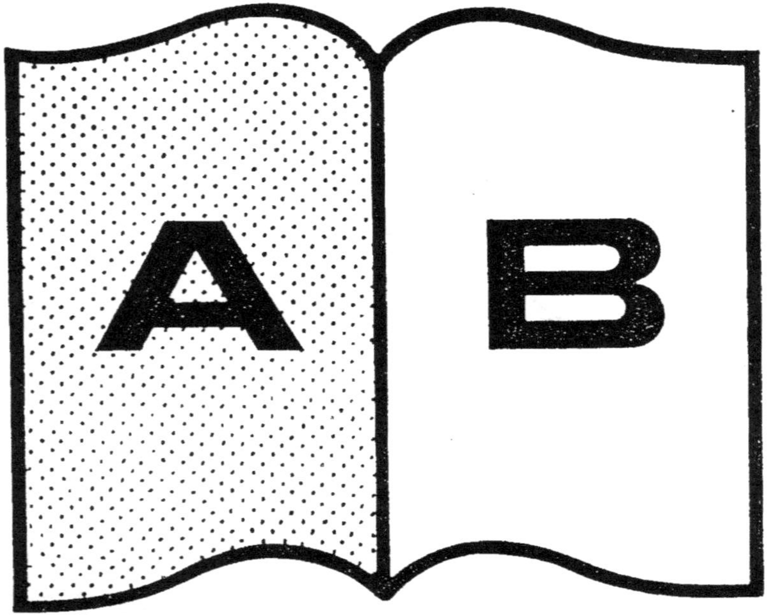

Contraste insuffisant

NF Z 43-120-14